工程总承包项目 履约策划与实践

中国电建集团华东勘测设计研究院有限公司
浙江华东工程建设管理有限公司

杨建波　任金明　周垂一　邓渊　张磊　著

中国水利水电出版社
www.waterpub.com.cn
·北京·

内 容 提 要

本书以工程总承包项目管理规范、规程为依据，以中国电建集团华东勘测设计研究院有限公司和浙江华东工程建设管理有限公司在工程总承包项目策划管理方面的要求为基础，结合近几年履约的诸多工程总承包项目在履约策划过程中的实践管理经验，对工程总承包管理要素进行深化和拓展，系统阐述了以设计为主导的工程总承包项目开展履约策划的作用、意义和组织履约策划的流程，并详细阐述了多个管理要素策划的主要内容、管理方法和操作流程，最后介绍了履约策划在典型项目上的实践应用。

本书可供以设计为主导的工程总承包项目在企业层面和项目层面的项目管理及技术人员在履约策划和实践过程中使用，也可供以施工为主导的工程总承包项目管理人员和工程建设管理类专业的高等院校师生参考。

图书在版编目（CIP）数据

工程总承包项目履约策划与实践 / 杨建波等著. --
北京：中国水利水电出版社，2022.9
ISBN 978-7-5226-1001-6

Ⅰ. ①工… Ⅱ. ①杨… Ⅲ. ①建筑工程－承包工程－
经济合同－管理 Ⅳ. ①TU723.1

中国版本图书馆CIP数据核字(2022)第172217号

书　　名	工程总承包项目履约策划与实践 GONGCHENG ZONGCHENGBAO XIANGMU LÜYUE CEHUA YU SHIJIAN
作　　者	中国电建集团华东勘测设计研究院有限公司 浙江华东工程建设管理有限公司 杨建波　任金明　周垂一　邓　渊　张　磊　著
出版发行	中国水利水电出版社 （北京市海淀区玉渊潭南路1号D座　100038） 网址：www.waterpub.com.cn E-mail：sales@mwr.gov.cn 电话：（010）68545888（营销中心）
经　　售	北京科水图书销售有限公司 电话：（010）68545874、63202643 全国各地新华书店和相关出版物销售网点
排　　版	中国水利水电出版社微机排版中心
印　　刷	北京印匠彩色印刷有限公司
规　　格	184mm×260mm　16开本　13.75印张　335千字
版　　次	2022年9月第1版　2022年9月第1次印刷
印　　数	0001—1000册
定　　价	88.00元

前　言

　　工程总承包模式是国际上工程建设领域的一种重要实施模式，于 20 世纪 80 年代引入我国。住房和城乡建设部于 2014 年 7 月 1 日发布《关于推进建筑业发展和改革的若干意见》（建市〔2014〕92 号），2016 年 5 月 20 日发布《关于进一步推进工程总承包发展的若干意见》（建市〔2016〕93 号），提出优先采用工程总承包模式，加强工程总承包人才队伍建设；国务院办公厅于 2017 年 2 月 24 日印发《关于促进建筑业持续健康发展的意见》（国办发〔2017〕19 号），明确要求加快推行工程总承包，按照总承包负总责的原则，落实工程总承包单位在工程质量安全、进度控制、成本管理等方面的责任。从国家层面首次提出将"加快推行工程总承包"与"培育全过程工程咨询"作为完善工程建设组织模式的两项重要举措；住房和城乡建设部、国家发展和改革委员会于 2019 年 12 月 23 日印发《房屋建筑和市政基础设施项目工程总承包管理办法》（建市规〔2019〕12 号），起到房屋建筑和市政基础设施项目在工程总承包模式下与法律法规对接的作用；住房和城乡建设部、教育部、科学技术部、工业和信息化部、自然资源部、生态环境部、人民银行、国家市场监督管理总局、中国银行保险监督管理委员会于 2020 年 8 月 28 日联合印发《关于加快新型建筑工业化发展的若干意见》（建标规〔2020〕8 号），指出大力推行工程总承包。新型建筑工业化项目积极推行工程总承包模式，促进设计、生产、施工深度融合。以政府为主推作用，使得工程总承包模式在我国得到蓬勃发展。

　　2005 年，建设部联合国家质量监督检验检疫总局发布《建设项目工程总承包管理规范》（GB/T 50358—2005），确定了项目策划作为项目初始阶段的一项重要工作。2017 年 5 月 4 日，住房和城乡建设部发布公告批准《建设项目工程总承包管理规范》（GB/T 50358—2017）实施，再一次确认应在项目初始阶段开展项目策划工作，结合项目特点，根据合同和工程总承包企业管理的要求，明确项目目标和范围，分析项目风险以及采取的应对措施，确定项目各项管理原则、措施和进程，并编制项目管理计划和项目实施计划，项目策划的范围宜涵盖项目活动的全过程所涉及的全要素。

中国电建集团华东勘测设计研究院有限公司（以下简称"华东院"）是由设计院转型发展而来的工程公司，通过承包—分包、联合承包等多种方式开展工程总承包业务，业务规模在近十年得到超过 20 倍的增长，在策划管理方面形成一套日趋完善的管理措施。公司履约的工程总承包项目，项目策划分为履约策划和专项策划两个层次，履约策划是指在项目履约初始阶段，通过一系列的策划活动，对项目履约要素进行全面、系统、深入的策划，形成项目管理纲领性指导文件，用于指导项目实施和管理；专项策划是指针对项目某些关键技术、商务等执行问题，由项目部组织专业管理、技术人员以及院内专家团队进行的专题性策划活动。

本书共 19 章，以工程总承包项目管理规范为依据，结合华东院与浙江华东工程建设管理有限公司（以下简称"华东建管"）近几年履约的工程总承包项目在履约策划活动的实践，系统地阐述了以设计为主导的工程总承包项目开展履约策划的作用、意义和组织履约策划的流程，并详细阐述多个策划点的内容、方法，最后介绍履约策划在典型项目上的应用。

本书由杨建波、任金明、周垂一、邓渊、张磊撰写，由杨建波、任金明统稿。杭州亚运场馆及北支江综合整治项目部和埃塞俄比亚阿巴-萨姆尔（Aba Samuel）水电站项目部提供了相应的项目资料。本书在撰写过程中得到华东院与华东建管领导的大力支持和相关项目部的帮助，经历了确立选题、编制提纲、收集资料、撰写初稿、统稿、评审和定稿等阶段。本书是全体参与人员共同努力、辛勤劳动的结晶，在此表示衷心的感谢。

由于作者水平所限，所涉资料以华东院与华东建管履约项目为限，不妥、错误和疏漏之处在所难免。随着法律法规的更新、完善，后续将择时更新相关内容。我们诚恳地希望广大读者提出宝贵意见，以便今后在修订、充实新内容时修改提高。

作者

2022 年 1 月

目 录

第1章 绪　　论

1.1　工程总承包的特点及优势

工程总承包管理模式最主要的特点是实现了设计、采购、施工等各工程建设环节系统化、一体化，将设计单位、施工单位、设备材料供应商等参建单位与项目业主之间的交易成本内化为总承包商内部的协调成本，促使工程总承包商在工程建设过程中主动提高项目管理能力，实现资源的最佳配置，更有效地进行工程质量、工期、投资的综合控制，避免出现因设计、施工、供应等不协调造成工期拖延、投资增加和合同纠纷等问题。

工程总承包能够最大限度地发挥承包商在设计、采购、施工技术和组织方面不断优化的积极性和创造性，克服设计、采购、施工责任分离，相互制约和脱节的矛盾，促进新技术、新工艺、新方法的应用，进而促进建筑行业科技进步，节约资源，保护环境。

工程总承包业务对建筑业的社会化大生产提出了更高的要求，需要各层次的相关企业针对自身的特点，明确发展战略思路，加强专业经营、规模经营和集成管理。通过进一步强化社会分工合作提高建筑产业的经济效益和社会效益。工程总承包业务的发展，将有助于进一步理清建筑产业的发展构架，促进企业生产组织方式的变革和产业结构的调整，从而促进建筑业产业升级，优化市场供应链，形成层次清晰、结构合理、分工明确、配套协作、整体优势明显的产业体系。同时，通过接轨国际市场，提高国内建筑企业在国际市场的竞争力，带动国内设备、材料、服务等的出口贸易。

1.2　法律法规、政策性文件及规程规范对建设管理模式的指导和要求

1.2.1　法律法规、政策性文件的指导

我国工程总承包模式的提出，始于 20 世纪 80 年代的基本建设管理体制改革，1984 年国务院颁发《关于改革建筑业和基本建设管理体制若干问题的暂行规定》（国发〔1984〕123 号），提出建立工程总承包企业的设想；1997 年颁布的《中华人民共和国建筑法》，明确提倡对建筑工程进行总承包，确立了工程总承包的法律地位。

2003 年 2 月 13 日，建设部发布《关于培育发展工程总承包和工程项目管理企业的指导意见》（建市〔2003〕30 号），明确了工程总承包的基本概念，并开始在全国范围内全面推广工程总承包；住房和城乡建设部 2014 年 7 月 1 日发布的《关于推进建筑业发展和改革的若干意见》（建市〔2014〕92 号），以及住房和城乡建设部 2016 年 5 月 20 日发布的《关于进一步推进工程总承包发展的若干意见》（建市〔2016〕93 号），提出优先采用工程总承包模式，加强工程总承包人才队伍建设，提出工程总承包企业要高度重视工程总

承包的项目经理及从事项目控制、设计管理、采购管理、施工管理、合同管理、质量安全管理和风险管理等方面的人才培养。与此同时，浙江、上海、福建、广东、广西、湖南、湖北、四川、吉林等多个省（自治区、直辖市）陆续开展了工程总承包试点，房屋建筑和市政行业的工程总承包市场不断扩大。

2017 年 2 月 24 日，国务院办公厅印发《关于促进建筑业持续健康发展的意见》（国办发〔2017〕19 号），明确要求加快推行工程总承包，按照总承包负总责的原则，落实工程总承包单位在工程质量安全、进度控制、成本管理等方面的责任。从国家层面首次提出了"全过程工程咨询"的概念，并将"加快推行工程总承包"与"培育全过程工程咨询"作为完善工程建设组织模式的两项重要举措。

2019 年 12 月 23 日，为贯彻落实《中共中央 国务院关于进一步加强城市规划建设管理工作的若干意见》（2016 年 2 月 6 日）和《国务院办公厅关于促进建筑业持续健康发展的意见》（国办发〔2017〕19 号），住房和城乡建设部、国家发展和改革委员会联合印发《房屋建筑和市政基础设施项目工程总承包管理办法》（建市规〔2019〕12 号），文件提出，工程总承包单位应当设立项目管理机构，设置工程总承包项目经理，配备相应管理人员，加强设计、采购与施工的协调，完善和优化设计，改进施工方案，实现对工程总承包项目的有效管理控制，工程总承包项目经理应当熟悉工程技术和工程总承包项目管理知识以及相关法律法规、标准规范，并具有较强的组织协调能力和良好的职业道德。

2020 年 8 月 28 日，住房和城乡建设部、教育部、科技部、工业和信息化部、自然资源部、生态环境部、人民银行、国家市场监督管理总局、中国银行保险监督管理委员会联合印发《关于加快新型建筑工业化发展的若干意见》（建标规〔2020〕8 号），指出：大力推行工程总承包。新型建筑工业化项目积极推行工程总承包模式，促进设计、生产、施工深度融合。引导骨干企业提高项目管理、技术创新和资源配置能力，培育具有综合管理能力的工程总承包企业，落实工程总承包单位的主体责任，保障工程总承包单位的合法权益。

政策性文件以问题为导向，针对工程总承包模式、工程总承包企业的项目经理基本条件、转包及违法分包界定、工程总承包企业义务和责任、工程总承包项目办理监管手续条件等关键环节明确了政策。文件肯定了工程总包项目模式的积极意义和重要性，倡导政府投资项目和装配式项目积极采用工程总承包模式，并从推动工程总承包行业发展方面提出了相关优化建议。

法律法规、政策性文件推进工程总承包模式的发展历程如图 1-1 所示。

1.2.2 建设项目工程总承包管理规范的要求

2005 年，为总结我国近 20 年来开展建设项目工程总承包和推行工程建设项目管理体制改革的经验，借鉴国际上的通行做法，促进建设项目工程总承包管理的科学化和规范化，提高建设项目工程总承包的管理水平，以适应社会主义市场经济发展的需要，建设部联合国家质量监督检验检疫总局发布了《建设项目工程总承包管理规范》（GB/T 50358—2005），明确项目策划作为项目初始阶段的一项重要工作，提出应针对项目的实际情况，依据合同要求，明确项目目标、范围，分析项目的风险以及采取的应对措施，确定项目管理的各项原则要求、措施和进度。项目策划应综合考虑技术、质量、安全、费用、进度、职业健康、环境保护等方面的要求，并应满足合同的要求。

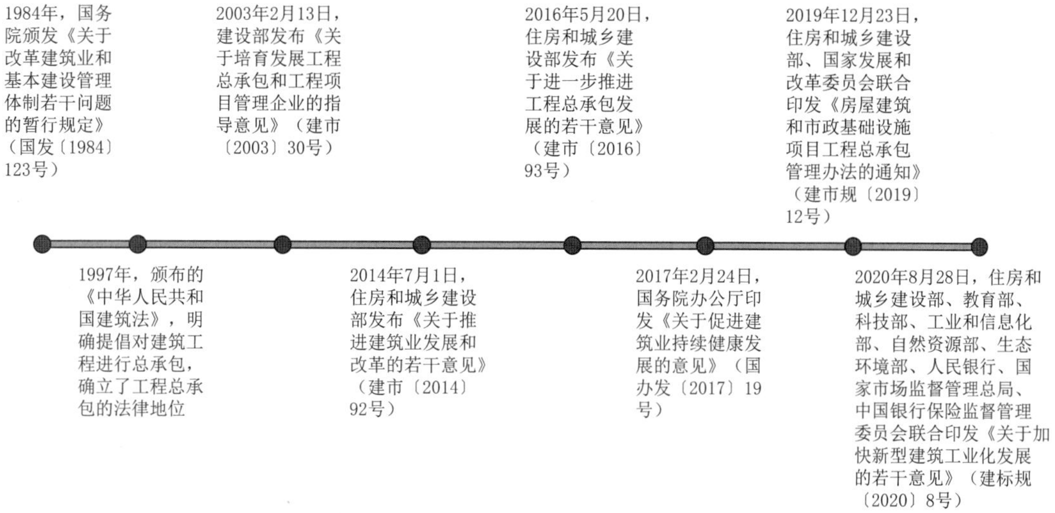

1984年，国务院颁发《关于改革建筑业和基本建设管理体制若干问题的暂行规定》（国发〔1984〕123号）

2003年2月13日，建设部发布《关于培育发展工程总承包和工程项目管理企业的指导意见》（建市〔2003〕30号）

2016年5月20日，住房和城乡建设部发布《关于进一步推进工程总承包发展的若干意见》（建市〔2016〕93号）

2019年12月23日，住房和城乡建设部、国家发展和改革委员会联合印发《房屋建筑和市政基础设施项目工程总承包管理办法的通知》（建市规〔2019〕12号）

1997年，颁布的《中华人民共和国建筑法》，明确提倡对建筑工程进行总承包，确立了工程总承包的法律地位

2014年7月1日，住房和城乡建设部发布《关于推进建筑业发展和改革的若干意见》（建市〔2014〕92号）

2017年2月24日，国务院办公厅印发《关于促进建筑业持续健康发展的意见》（国办发〔2017〕19号）

2020年8月28日，住房和城乡建设部、教育部、科技部、工业和信息化部、自然资源部、生态环境部、人民银行、国家市场监督管理总局、中国银行保险监督管理委员会联合印发《关于加快新型建筑工业化发展的若干意见》（建标规〔2020〕8号）

图1-1 法律法规、政策性文件推进工程总承包模式的发展历程

从 2014 年起，国务院、住房和城乡建设部密集发布了多项深化建设项目组织实施方式改革政策，大力推进工程总承包，有关工程总承包的最新改革措施，对建筑业管理、建设市场参与主体均有重要影响。

2014 年，住房和城乡建设部下发《关于印发 2014 年工程建设标准规范制订修订计划的通知》（建标〔2013〕169 号），下达《建设项目工程总承包管理规范》修订计划，新规范编制组经深入的调查研究，系统总结实践经验，借鉴有关国际标准，遵循近期密集发布的政策性文件的指导原则，在广泛征求意见的基础上，修订完成《建设项目工程总承包管理规范》（GB/T 50358—2017），并于 2017 年 5 月 4 日发布公告，批准实施。

《建设项目工程总承包管理规范》（GB/T 50358—2017）从质量、安全、费用、进度、职业健康、环境保护和风险管理入手，并将其贯穿于设计、采购、施工和试运行全过程，全面阐述工程总承包项目的全过程管理。规范再一次确认项目部应在项目初始阶段开展项目策划工作，结合项目特点，根据合同和工程总承包企业管理的要求，明确项目目标和范围，分析项目风险以及采取的应对措施，确定项目各项管理原则、措施和进程，并编制项目管理计划和项目实施计划，项目策划的范围宜涵盖项目活动的全过程所涉及的全部要素。

1.3 工程总承包项目中设计的地位

在工程建设全过程中，设计处于龙头的地位是显而易见的，也是工程采购和施工的前提。设计工作的成败对工程的质量和费用以及进度起着决定性的作用。在工程总承包项目中，承包商既要满足与投资方的合同约定，又要实现自身的管理效益，也决定了设计具有主导作用。分析工程总承包（Engineering Procurement Constrution，EPC）设计过程的主要特点，可以发现许多的价值增长点，根据这些特点对设计阶段各项工作进行组织、设计能够为实现项目的增值提供机会。因此，设计管理的成功与否一定程度上决定了 EPC

项目的成败，具有举足轻重的作用。

随着国家政策层面大力推广工程总承包模式，国内多地出台的配套性政策文件也提出鼓励设计主导，提高评标环节的设计权重。设计的好坏直接决定了施工的质量和采购的水平。设计、施工组合为一个合同进行承包，需要承包商从整体上考虑设计、施工全过程，对工程中的问题进行处理。

通过设计前移，引导设计人员参与现场施工管理，并结合现场实际情况，在现场完成大部分的设计产品，同时对于工程总承包项目，其勘测设计工作深度往往高于常规设计工作深度，尤其重视地质、施工、概算等专业的工作深度，与费用相关的建筑材料、施工方法、工艺、临时设施、道路等均会做深入的比较分析。通过加深前期勘测设计工作深度，保证总承包项目实施中不出现重大变更。另外，开展限额设计工作，以总承包合同工程量为基础，对设计工作成果进行考核，通过设计优化降低造价，创造项目最大效益。

在设计时对材料、设备采购以及施工现场安装的要求进行充分的考虑，并充分考虑采购的时间节点、工序接口及可施工性，通过对设计、设备采购、施工统筹安排，对设计方案主动进行优化，才能与材料和设备更好地配合，组织施工，优化工程进度计划，衔接好工程设计、设备采购和现场施工，缩短建设工期，甚至与施工单位结合成紧密型联合体，通过设计、施工的高度融合，实现项目在质量、工期、造价等方面的整体最优。

工程总承包商对建设项目的质量、安全、工期、造价全面负责，建设单位在招标文件中设置评标因子时将设计和施工分别赋予权重，并适当加大设计的权重，旨在发挥设计在设计施工总承包管理中的主导地位。

1.4　项目策划的目的、意义和作用

项目策划的目的就是要在充分了解和掌握工程总承包合同的基本内容、基本特点及项目要求之后对项目管理的基本策略、项目管理主要内容、项目管理主要方法等方面作出定义，明确工作范围、阶段划分、职责分工，明确各项管理目标、识别工程风险、提出管理要求等。

确切地讲，就是要通过项目策划使项目团队所有人员明确项目实施过程中"做成什么样、谁来做、做什么、何时做、怎么做"，使项目管理在实施过程中目标明确、界面清晰、管理程序的衔接有条不紊，大幅提高工作效率。

项目策划会对项目实施产生非常大的影响，可以说项目策划是项目实施的"中枢神经"。项目策划形成的程序文件和规定是项目管理在实施过程中达到目标的管理依据、操作方法和实现途径。

在一定程度上，没有项目策划，就没有现代意义上的项目管理，项目实施就没有方向和目标，就难以取得项目管理的成功；没有策划管理就无法提高效率，无法实现项目的效益最大化。因此，工程总承包项目在实施前必须针对项目内容、合同、边界条件，结合国家及地方政策要求，对管理活动进行正式的履约策划。

1.5 项目策划的内容

项目策划的范围由合同约定。根据公司规定和合同要求，项目策划主要内容包括：明确项目工作范围，确定项目各项目标，制定项目资源配置计划，编制各项管理计划，发布项目主要管理规定等，以指导项目管理的全过程。

项目管理实施和监控过程就是要按照项目策划制定的管理目标、管理规定、程序方法和要求等进行项目的管理和控制，是检验前期策划方案是否有效、是否可行的一个过程。在具体实施时，好的管理策划文件会使工程总承包项目各阶段管理工作有序衔接，对实现项目各项目标有极大的促进作用。

本书主要针对项目初始阶段的项目策划，即公司制度规定的一次或多次履约策划的组织实施、策划内容以及实践应用项目的策划组织、策划过程和策划成果作出阐述，以帮助项目管理人员更好地理解公司制度规定的履约策划的组织、实施、成果的具体要求，以改进后续项目的策划管理活动。各策划模块在履约过程中的深化策划和其他的专项策划可在项目履约过程中视需要适时开展策划活动，形成策划成果，指导项目履约，本书暂不作探讨。

1.6 应用实践的项目简介

1.6.1 杭州亚运场馆及北支江综合整治工程

杭州亚运场馆及北支江综合整治工程位于杭州市富阳北支江区域，是杭州市"拥江发展"战略规划一级发展地区，是在富阳撤县设区及杭州"三江两岸""拥江发展"的战略背景下，为适应新形势"治水兴城"理念下提出的新要求。项目包含水利、建筑、市政、交通等多个专业，专业内容丰富，项目管理复杂，是 2022 年杭州亚运会赛艇皮划艇和激流回旋赛事举办场地。

该项目依托富阳丰富的历史文化资源，以"人文＋"引领区域创新为理念，通过新建上下游水闸船闸、进行河道清淤、两岸综合整治、新建比赛场馆等措施，改善北支江水生态环境、提升两岸水文化景观，使北支江水域由一潭死水转变为"静水""净水""深水"，成为亚运会赛艇皮划艇等赛事举办场地，并将北支江建设成为防洪安全、生态宜居的滨水廊道，使北支江原生态的水生环境与水上运动休闲现代生活交相辉映，展现现代版的"富春山居图"示范区。

该项目实施采用"PPP＋EPC"模式，包括以下七个子项目：

（1）子项目一：上游水闸、船闸工程。

（2）子项目二：下游水闸、船闸工程。

（3）子项目三：堵坝拆除及清淤工程。

（4）子项目四：南岸堤防加固及综合整治工程。

（5）子项目五：北支江过江通道工程（公望大桥）。

（6）子项目六：水上激流回旋亚运场馆（北支江水上运动中心项目）。

（7）子项目七：赛艇皮划艇亚运场馆。

1.6.2　埃塞俄比亚阿巴-萨姆尔水电站项目

埃塞俄比亚阿巴-萨姆尔（Aba Samuel）水电站项目的主要任务是立足于充分利用现有的大坝、厂房等设施，改建引水系统，重新安装水轮发电机组，恢复其发电功能，总装机容量为 6.6MW，工程施工合同工期为 24 个月。项目 EPC 总承包单位为中国电建集团华东勘测设计研究院有限公司（以下简称"华东院"）。

枢纽建筑物由浆砌石挡水坝、引水建筑物（引水进水口、引水明渠、前池、压力钢管）和发电厂房组成。由于设备老化、年久失修、水库淤积、暴雨冲毁引水渠道和压力前池，于 1974 年废弃。该合同工程主要包括大坝维修工程、进水口和底孔改建工程、引水渠道改建工程，压力管道工程，地面发电厂房工程，地面升压变电站工程等。

华东院先后完成该项目的可行性考察、专业考察、初步设计、施工图设计及施工图概算、EPC 实施合同签署等工作，用总承包—施工分包模式，履约期间接受设计监理＋施工监理的监督，于 2014 年 11 月 17 日开工，2016 年 11 月 17 日通过联合验收组的技术验收并投入商业运营。

第2章 履约策划的组织与实施

《四书》之《中庸》曰："凡事预则立，不预则废。言前定则不跲，事前定则不困，行前定则不疚，道前定则不穷。"其含义就是：凡事有预谋就会成功，没有预谋就会失败。说话事先想好就不会语塞，做事事先想好就不会感到困难。行动之前事先想好就不会内心不安，法则事先想好就不会陷入绝境。

因此，在项目伊始开展策划活动、确定管理目标、制定管理纲领、建立组织架构、配置管理角色、明确岗位职责、构建制度体系、发布行为准则、预备应急方案就显得尤为重要。

履约策划是按公司关于总承包项目策划管理的相关要求，在项目启动后，针对项目履约的总体性策划和部分专项策划等一系列策划而进行的一次或多次重要的策划活动，无论是公司（职能部门）组织还是分公司（项目部）组织，履约策划组织的主要工作都是由项目部来完成的。

为指导公司职能部门或项目部组织实施履约策划，事先明确履约策划组织分级标准、履约策划时间、履约策划输入文件、履约策划依据、履约策划内容选定及准备、履约策划会议组织、履约策划成果等就很有必要，通过对履约策划组织实施的标准化、模板化，以保证项目履约策划活动的顺利开展。

2.1 履约策划组织分级标准

中型及以上规模的项目（合同规模5亿元及以上，新能源类10亿元及以上），由公司（职能部门）负责履约策划的组织，项目部负责履约策划会议资料的准备、现场履约策划时现场察看的线路规划、现场履约策划会议的接待，公司领导、项目控制部、合同管理部、安全环保部、技术部、技术质量管理专家共同参与履约策划。

小型项目由分公司（项目部）组织开展履约策划，项目部负责履约策划会议资料的准备、现场履约策划时现场察看的线路规划、现场履约策划会议的接待，分公司领导、分公司所属的技术质量管理专家以及相应的技术质量管理专业工作组成员共同参与策划。必要时，可以邀请公司领导及相关职能部门参与履约策划。

2.2 履约策划时间

一般情况下，工程总承包项目在中标后15天内组织安排履约策划。对于非招标投标获取的工程总承包项目，宜在项目实质性启动后10天内组织安排履约策划。

项目部依据履约策划组织分级标准，与公司分管领导或总工程师或项目控制部商议，明确项目履约策划的组织方，初步确定履约策划会议时间、地点、形式。

对公司发展具有战略意义的项目、工程技术复杂程度高和难度大的项目、拟进行重要管理创新的项目可以不受分级标准限制，由公司（职能部门）组织项目履约策划。

2.3　履约策划输入的文件

为确保履约策划的针对性和有效性，下列输入文件应在履约策划组织前收集完毕，并在项目部内组织学习，尤其是拟安排准备履约策划会议资料的管理人员应熟悉、掌握有关文件，同时在履约策划会议召开前发送参会人员。

（1）项目可行性分析报告。

（2）风险评估报告。

（3）风险对接措施表。

（4）经营阶段重要的商谈记录。

（5）工程总承包合同。

（6）澄清文件。

（7）承诺函。

（8）合同移交纪要（经营向履约移交）等。

2.4　履约策划的依据

履约策划的依据包括法律法规、规程规范、管理制度等，具体包含下列内容：

（1）与工程总承包项目履约相关的法律、法规。

（2）《建设项目工程总承包管理规范》（GB/T 50358—2017）。

（3）管理手册。

（4）管理程序。

（5）公司有关工程总承包业务的管理制度。

2.5　履约策划内容的选定及准备

2.5.1　履约策划内容的选定

履约策划前，项目经理应根据项目启动后的推进情况及实际需求，根据扩大总体策划成果模板选定拟策划项，从履约"15 条"（履约策划内容清单）中选择适用的模块（其中前 4 条为必选项，即项目战略要求、项目管理目标、项目组织体系与管理架构、项目管理技术文件体系），其余视项目进展或当前管理需求，有选择性地选取（如质量管理、进度管理、技术与科技管理、工程创优管理、工程经济与合同管理、HSE 管理、风险管理、沟通与信息管理、项目设计管理、项目施工管理等），也可以根据项目特点及当前管理的需要，增加其他拟策划项，确定履约策划会议时拟研讨的内容，形成履约策划内容清单。履约策划内容选择清单见表 2－1。

表 2－1 　　　　　　　　　　　　履约策划内容选择清单

序号	策划项目名称	是/否	序号	策划项目名称	是/否
1	项目战略要求		9	工程经济与合同管理	
2	项目管理目标		10	HSE 管理	
3	项目组织体系与管理架构		11	风险管理	
4	项目管理技术文件体系		12	沟通与信息管理	
5	质量管理		13	项目设计管理	
6	进度管理		14	项目施工管理	
7	技术与科技管理		15	读图管理	
8	工程创优管理		16	其他拟增项	

　　策划会议前，项目经理应将经营阶段重要的商谈记录、合同文件、澄清文件、承诺函、合同移交纪要（经营向履约移交）、拟策划项及相应的准备资料等重要文件发送给策划会议组织部门，由策划会议组织部门发送给策划参与人。

2.5.2　履约策划会议资料准备工作的分工

　　项目经理根据确定的履约策划内容清单以及项目部已经到位的项目管理人员情况，拟定履约策划会议资料准备工作分工单，必要时，项目经理应向承担准备工作的人员进行必要的指导，确保各项会议准备工作能及时完成，且能够满足履约策划会议的需要。履约策划会议材料准备工作分工单见表 2－2。

表 2－2 　　　　　　　　　　履约策划会议材料准备工作分工单

序号	履约策划项目名称	责任人	会议材料内容	完成时限	备　注
1	项目概况		项目概况		
2	合同执行边界条件		合同执行边界条件		
3	项目战略要求		项目战略要求		
4	项目管理目标		1. 技术目标 2. 质量目标 3. 安全目标 4. 费用目标 5. 进度目标 6. 职业健康目标 7. 利润目标 8. 创优目标 9. 信息安全目标 10. 档案管理目标 11. 廉政目标		
5	项目组织体系与管理架构		1. 项目组织原则 2. 项目组织架构图 3. 职责拟定 4. 人员配置计划 5. 项目管理计划目录 6. 项目实施计划目录		

续表

序号	履约策划项目名称	责任人	会议材料内容	完成时限	备 注
6	项目管理技术文件体系		1. 六个层次的技术文件清单 2. 项目管理成果文件清单		
7	质量管理		1. 质量管理责任分配清单 2. 项目质量计划目录		
8	进度管理		进度管理责任分配清单		
9	技术与科技管理		1. 新技术应用设想 2. 科技创新和科研思路 3. 科技成果初步规划 4. 高新投入归集思路 5. 高新收入确认思路		
10	工程创优管理		1. 工程创优目标及目标分解 2. 工程创优路径 3. 创优措施设想 4. 工程创优经费筹集方案 5. 工程创优合作思路		
11	工程经济与合同管理		1. 合同管理（总包合同的分解、合同级别价原则、依据、流程梳理） 2. 采购管理（分标规划、采购管理计划设想） 3. 费用管理（项目预算） 4. 财务管理（项目现金流估测）		
12	HSE 管理		HSE 管理责任分配清单		
13	风险管理		1. 风险管理总体框架 2. RBS 选择 3. 风险评估更新 4. 风险应对策略更新 5. 风险监控措施更新		
14	沟通与信息管理		1. 项目干系人梳理 2. 内、外部沟通渠道初拟 3. 信息管理思路 4. 文控管理思路		
15	项目设计管理		1. 设计管理思路 2. 设计管理计划目录		
16	项目施工管理		1. 施工管理策划体系 2. 施工执行计划目录 3. 主要施工技术方案清单和危险性较大的分部分项工程专项施工方案清单		
17	读图管理				
18	其他拟增项				

2.5.3 履约策划会议材料的准备

履约策划会议材料准备工作责任人按上述分工清单及内容提要，分别负责整理编制。项目概况及项目执行边界条件可简要描述，以 PPT 的方式让参与会议者了解项目、合同的基本情况；战略要求、管理目标应形成初稿，供会议讨论；项目组织体系与管理架构应形成项目部组织架构框图及职责划分、人员配置计划初步方案；项目管理技术文件体系按六个层次结合项目管理需求作必要的展开；项目管理成果文件结合院图档中心文控管理要求编制文件整理一级、二级目录；其他各项应完成管理设想、思路或初步规划，不需要编制各个计划的完整文本；对于其他的各履约策划模块，可根据实际需要整理资料，内容可以在表 2-2 的基础上裁剪，也可以在履约策划之后就某一模块开展更为深入的专项策划，以满足项目管理需求。一般情况下，各项会议资料宜控制在 1~3 页。

项目经理应指定人员，将分头准备完成的履约策划会议资料合并成一份完整的履约策划汇报材料，供会议时使用。

2.6 履约策划会议组织

根据初步确定的履约策划组织方，由组织方确定参会人员，与项目部协商确定会议时间、地点、形式。

2.6.1 会议通知

项目部将收集好的履约策划输入文件，以及准备完成的履约策划会议资料、履约策划汇报材料等文件发送履约策划组织方，由履约策划组织方拟定会议通知，通知相关人员参加履约策划会议。

参会人员应在会议前熟悉项目基本情况，准备策划内容的个人意见。

2.6.2 公司会议履约策划

由于项目现场与公司本部的距离，履约策划参会人员可能较为分散，为便于参会人员同一时间参会，减少往返差旅，公司会议履约策划一般采用公司固定会议室＋网络会议室形式，会议主持人应事先分配好时间，一般情况下，履约策划内容较多的宜安排一整天时间，履约策划内容较少的可安排半天时间，参会人员也可以在听取项目部的汇报后，有选择性参与某一模块的履约策划讨论。

履约策划会议先由项目经理汇报项目概况、合同执行边界条件、已收集的输入文件的简要，然后按拟策划的内容分项进行汇报、讨论，做到一事一议，事事有建议或结论。

策划时，就选定的策划项进行逐项研讨，明确各项具体内容，或明确提纲及落实措施。

会议组织者应事先确定一名记录人员，做好讨论过程的会议记录，以便于会后整理履约策划会议纪要。

2.6.3 现场会议履约策划

部分项目现场条件较为复杂，为更好地让参与策划人员理解项目履约的条件，履约策划会议宜安排在项目现场进行。

履约策划会议在工程项目现场召开时，项目经理应组织参会人员进行现场踏勘。事先拟定现场踏勘的线路，如时间较紧，应选择有代表性的区域进行察看，以便参与策划人员能更好地理解项目条件。

现场踏勘后，履约策划参与人员以及项目部管理人员集中在现场项目部会议室召开履约策划会议，会议的议程同公司会议履约策划。现场的会务组织接待不作赘述。

2.7　履约策划输出成果

履约策划会议后，负责记录的人员应整理会议纪要，会议纪要可以将各类管理文件的编制计划、会议讨论确定的各项计划的一级目录作为会议纪要的附件，会议纪要整理完成后，先由项目经理复核，然后由主要参会人员会签，最终由履约策划会议主持人确认。

2.8　履约策划流程

履约策划流程如图 2-1 所示。

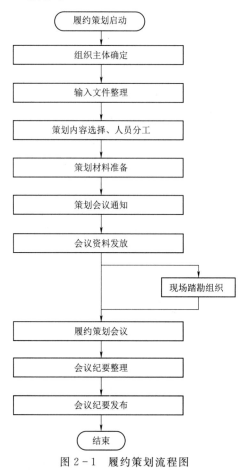

图 2-1　履约策划流程图

2.9　履约策划与专项策划的关系

履约策划是指在项目履约初始阶段，通过一系列的策划活动，对项目履约要素进行全面、系统、深入的策划，形成项目管理纲领性指导文件，用于指导项目实施和管理，具有系统性、总体性、框架性、原则性的特点，履约策划可以是一次性的，也可以是多次重复策划。

专项策划是指针对项目某些关键技术、商务等执行问题，在项目履约过程中，可以在初始阶段，也可以是实施阶段，甚至是收尾阶段，由项目部组织专业管理、技术人员以及院内专家团队进行的专题性策划活动，专项策划活动具有单一性、针对性、操作性、细节性的特点，通过专项策划，指导项目管理人员建立该项管理活动的路径、方法、措施、手段，直接提供管理活动的相关表单。

履约策划的模块可以在履约过程中进行一次或多次的专项策划，在履约策划成果的基础上扩展、延伸、深入、细化。如有必要，甚至对履约策划的成果进行调整。若干个要素的专项策划活动合并进行，并交由更高层级的管理部门组织实施，即可以构成履约策划。

第3章 项目战略要求策划

3.1 企业战略的概念

企业战略是指企业根据市场环境变化，依据本身资源和实力选择适合的经营领域和产品，凝练自身的管理理念、营销体系、生产体系、技术保障体系、科研开发体系，形成自己的核心竞争力，并通过差异化在市场竞争中取胜，保持企业的持续发展。

企业战略是对企业各种战略的统称，其中既包括竞争战略，也包括营销战略、发展战略、品牌战略、融资战略、技术开发战略、人才开发战略、资源开发战略，等等。企业战略虽然有多种，但基本属性是相同的，都是对企业的谋略，都是对企业整体性、长期性、基本性问题的计谋。

3.2 企业战略的特征

企业战略是设立远景目标并对实现目标的轨迹进行的总体性、指导性谋划，属宏观管理范畴，具有指导性、全局性、长远性、竞争性、系统性、风险性六大主要特征。

1. 指导性

企业战略界定了企业的经营方向、远景目标，明确了企业的经营方针和行动指南，并筹划了实现目标的发展轨迹及指导性的措施、对策，在企业经营管理活动中起着导向的作用。

2. 全局性

企业战略立足于未来，通过对国际、国家的政治、经济、文化及行业等经营环境的深入分析，结合自身资源，站在系统管理高度，对企业的远景发展轨迹进行了全面的规划。

3. 长远性

"今天的努力是为明天的收获""人无远虑、必有近忧"。兼顾短期利益，企业战略着眼于长期生存和长远发展的思考，确立了远景目标，并谋划了实现远景目标的发展轨迹及宏观管理的措施、对策。其次，围绕远景目标，企业战略必须经历一个持续、长远的奋斗过程，除根据市场变化进行必要的调整外，制定的战略不能朝令夕改，具有长效的稳定性。

4. 竞争性

竞争是市场经济不可回避的现实，也正是因为有了竞争才确立了"战略"在经营管理中的主导地位。面对竞争，企业战略需要进行内外环境分析，明确自身的资源优势，通过设计适合的经营模式，形成特色经营，增强企业的对抗性和战斗力，推动企业长远、健康的发展。

5. 系统性

立足长远发展，企业战略确立了远景目标，并需围绕远景目标设立阶段目标及各阶段目标实现的经营策略，以构成一个环环相扣的战略目标体系。同时，根据组织关系，企业战略需由决策层战略、事业单位战略、职能部门战略三个层级构成一体。决策层战略是企业总体的指导性战略，决定企业经营方针、投资规模、经营方向和远景目标等战略要素，是战略的核心。本书讲解的企业战略主要属于决策层战略；事业单位战略是企业独立核算经营单位或相对独立的经营单位，遵照决策层的战略指导思想，通过竞争环境分析，侧重市场与产品，对自身生存和发展轨迹进行的长远谋划；职能部门战略是企业各职能部门，遵照决策层的战略指导思想，结合事业单位战略，侧重分工协作，对本部门的长远目标、资源调配等战略支持保障体系进行的总体性谋划，比如策划部战略、采购部战略等。

6. 风险性

企业作出任何一项决策都存在风险，战略决策也不例外。市场研究深入，行业发展趋势预测准确，设立的愿景目标客观，各战略阶段人、财、物等资源调配得当，战略形态选择科学，制定的战略就能引导企业健康、快速的发展。反之，仅凭个人主观判断市场，设立目标过于理想或对行业的发展趋势预测偏差，制定的战略就会产生管理误导，甚至给企业带来破产的风险。

3.3　项目管理战略规划

项目管理战略规划，是指企业高层制定项目管理方面的企业战略，其目标是管理好企业所有的项目。简单来说，企业项目管理战略规划的工作，就是企业建立一套项目管理的标准方法，并与企业的业务流程集成在一起，形成以项目管理为核心的运营管理体系。

项目管理方法和业务流程相互配合，在实践中进行优化，将全面增加企业项目成功的机会，同时也使企业的相关部门以项目为导向，步调一致。

企业项目管理战略规划的第一个任务是建立或明确企业项目管理的方法和过程；企业项目管理战略规划的第二个任务，是将项目管理方法与企业的业务流程集成，建立以项目管理为核心的业务流程。

在建立企业的项目管理方法和业务流程中，企业管理层和业务人员进一步沟通企业项目选择和项目执行的目标。项目管理方法和业务流程推广应用将整体提升企业的项目管理水平，并提升企业的运营管理能力。

3.4　项目战略要求

为实现企业战略和企业项目管理战略规划，从公司整体发展的角度看待项目履约，从具体的工程总承包项目履约作为切入点，对项目履约提出高于合同目标、管理目标的原则性管理要求，一般包括市场经营、区域经营、业务领域拓宽、实施模式创新、管理架构创新、品牌建设、人才建设等要求。项目战略要求一般采用定性的描述方式，难以具体指标量化。在项目履约过程中和项目收尾总结时，基本也采用定性描述的方式进行评估，确认其是否实现项目战略要求。

1. 市场经营

市场经营指从市场经营角度出发，对于某个与公司业务活动存在较强关联的单一的业主（重大客户），该业主可能是企业，也可能是地方政府部门，为保持该业主对公司履约的信赖度，在现有项目履约策划时提出高于合同约定目标的其他要求，为承接该业主后续投资项目的市场开发活动创造先机。

对于无持续性投资可能的业主的项目，在履约策划时，项目战略要求可以不考虑市场经营层面的要求。

一般情况下，在项目的经营阶段，就已经确定该业主是否是公司的重大客户。

2. 区域经营

区域经营指以地理空间划分，一般国内项目按行政区域（省域、流域或组合等）、海外项目按国别，对于某个拟作为公司今后业务发展重点区域内的项目，在项目履约策划时提出高于合同约定目标、责任书管理目标的其他要求，尤其是投资方是地方政府的项目，通过创建一个示范项目，为承接该区域内后续投资项目的市场开发活动创造契机。

一般情况下，项目经理应了解公司近、中、远期经营发展战略，掌握公司重点经营区域和重点经营拓展区域，了解经营活动过程中公司、区域公司对该项目的定位，以指导项目履约策划时是否需要提出区域经营方面的项目战略要求。

3. 业务领域拓宽

业务领域拓宽是指项目属于新进入的行业或子行业，或者是合同范围的延伸、扩展。对于新行业、新合同范围，需要通过良好的项目履约来实现业绩的积累，专业管理人员的锻炼，总结提炼管理经验，为公司品牌增光添色。

对于这类项目，在履约策划时应根据公司自身发展需求，拟定计划实现的目标，提出原则性要求。

4. 实施模式创新

实施模式创新主要是指项目可能存在下列特殊情形。

（1）项目为 PPP（Public‐Private Partnership）项目，在项目公司的股权比例（包括一致行动人）中公司占有绝对控股地位或相对控股地位。此种情形下，项目部往往与项目公司的人员任命上会存在重叠现象。项目部主要领导人员兼任项目公司的职位，故需要在工作过程中清晰划分项目部职责与项目公司职责，同时对履行 PPP 项目公司职责时做好相应的书面记录及各类纪要，并对项目部人员的签字进行预先安排，确保不出现同一个人在同一时间段内，在项目公司和项目部之间交叉签字，留存项目公司、项目部二级管理机构应有的管理文件资料。

（2）项目为 PPP 项目，在项目公司的股权比例中公司仅占较少的股额，以参股形成推动 EPC 的落地。此种情况下，项目公司董事会可能会安排项目部主要管理人员配合项目公司的日常管理活动，履行一部分项目公司的管理职责。项目部人员应在合同履约过程中注意角色定位，根据工程总承包合同应由项目公司承担的义务，项目部人员可以协助项目公司开展部分具体的事务性工作，也可以对项目推进过程中的重要事项作出建议，但不能替代项目公司作出决策，应以书面形式催促项目公司尽快决策定夺，或是要求项目公司书面授权项目部，对具体某一事项的推进进行管理授权，做到"多请示、勤汇报、留证据"，为项目公司领导决策提供选项，做好书面证据的收集、留存。

（3）联合体模式。《中华人民共和国招标投标法》第三十一条规定，两个以上法人或者其他组织可以组成一个联合体，以一个投标人的身份共同投标。联合体各方应当签订共同投标协议，明确约定各方拟承担的工作和责任，并将共同投标协议连同投标文件一并提交招标人。联合体中标的，联合体各方应当共同与招标人签订合同，就中标项目向招标人承担连带责任。

法律上并未对联合体内部的实施模式进行划分，紧密型联合体、松散型联合体的划分仅仅是联合体各方为履行工程总承包合同而达成的内部约定，对外而言，其仍是一个整体，无论哪一方，都有义务对项目业主承担全部或连带民事责任。

基于我国实行建筑业企业资质管理，实际上联合体各成员方是分别以各自的资质参与工程项目建设管理活动，对建设项目工程总承包管理规范要求的工程总承包层面的各项管理活动，有必要梳理划分联合体内部各方的职责，明确各自在工程总承包管理层面应承担的管理职责，为可能出现的追责提供依据。

另外，项目实施初期，工程总包项目部可根据项目复杂程度，从联合体内部职责分工中摘录联合体各方对外关系处理权限（深度）、责任和义务内容，形成对外工作关系实施机制，比如现场施工、结算、安全文明施工等的主要问题处理以施工单位为主与业主、监理协调；设计、总体管理等方面的问题主要由公司负责对外协调等。该机制应与业主、监理商讨后按章操作，这样可大大降低管理成本，优化人力资源配置，防止责任不明，不至于管理上大包大揽，尽量避免业主只找联合体牵头方的现象。

1）紧密型联合体合作方式。一般情况下，紧密型联合体合作方式以联合体内部权益占比为表现形式，合作各方共担风险、共享收益，签署联合体协议、联合体章程、联合体运营规则等顶层制度性文件，设立董事会等联合体决策机构，由双方共同派员成立一个履约团队承担日常履约工作，按统一的管理标准共同履行合同义务。

除合同中另有约定外，无需对合同工作范围进行切割，合同工作范围即是联合体各方共同的工作范围，组织采购实施，寻找最佳的供应方，对供应方的生产组织活动进行全方面、全过程、全要素的管控。

2）松散型联合体合作方式。一般情况下，松散型联合体以联合体协议的形式明确各自的工作责任、工作范围、工作内容，在内部对合同工作范围按各自的资质、能力等进行划分，在划定的合同范围、合同工作内容自主组织各自的资源承担履约责任，对外承担连带的共同责任。

松散型联合体的项目部通常有两种表现形式：一种是成立一个类似于紧密型联合体的管理机构，负责联合体运行的总体纲领性管理，并与项目业主、监理等进行日常沟通，制定各方的工作机制，日常管理活动由各成员方按自身的管理制度自我闭合；另一种是几乎没有常设性的管理机构，仅按联合体协议中明确的分工分别组织各自的生产管理活动，项目业主、监理仍按各成员方的工作内容分别与联合体各方进行沟通。

基于上述三种可能的情形，或可能出现的其他形式，项目履约策划时应考虑结合经营阶段已经确定的模式，提出实施模式的要求，指导项目部在管理架构设置、人员配置等方面的后续工作。

5. 管理架构创新

基于合同工作范围、合同工作内容、发包人的要求以及与外部的工作协调，必要时需要项目部创新构建一个更适合于项目执行的管理机构，以便更好地履行合同，则在项目履约策划时应提出管理架构创新要求，并重点开展讨论，协助项目部进行管理创新。

6. 品牌建设

工程总承包项目的良好履约必将给公司的品牌带来价值的提升，因此，在履约策划时，基于项目的规模、特点、技术复杂程度，确定是否提出品牌建设的要求，通过对具体项目的选择，以实现最小的额外投入产生最大的品牌价值增量。

7. 人才建设

项目管理人才队伍建设是公司保持快速增长必须要做的一项长期工作。对于大中型工程总承包项目，项目团队成员在履约过程中逐步升迁是公司发展的需要，也是员工个人职业生涯规划实现的体现，履约策划时结合项目特色，提出有针对性的人才建设要求，将员工成长作为一项项目管理的附加目标下达给项目部，提醒项目经理在团队建设方面考虑员工个人的能力建设。

3.5 项目战略要求初拟

项目战略要求是站在院及公司的视角对具体项目履约提出的原则性要求，一般地，项目经理宜召集项目管理班子成员，以集体的智慧，高屋建瓴，有针对性地提出三至四条，不一定局限于上述七条范围之内，可视项目实际情况增加内容，并评估可实现的程度和实现需要的投入。

项目战略要求拟定时，参与人员应注意身份定位，不能从项目管理人员履行合同义务角度出发考虑战略要求，而是以公司经营管理者的身份定位对项目管理提出要求，这两种身份之间是存在一定冲突的。

项目战略要求在初拟后，宜征询公司主管领导的意见，以便及时修正，事先做好充分的交流沟通，避免履约策划时出现大的偏离。

3.6 项目战略要求策划组织

项目经理在履约策划会议上汇报初步拟定的项目战略要求，并作必要的解释说明，参与策划人员分别发表各自的意见、观点，逐条对项目战略要求进行评议，修改、删减、增加，并最终取得一致。

会议记录人员应将最终达成一致的项目战略要求完整记录，以备后续整理会议纪要时引用。

第4章 项目管理目标策划

4.1 项目管理目标确定依据

项目管理目标确定的依据包括两个方面：一是工程总承包项目合同的约定；二是公司对项目管理的要求。

1. 工程总承包项目合同的约定

项目业主通过工程总承包合同约定，明确项目履约必须实现的目标，主要包括质量目标、进度目标、安全目标、投资目标、环境保护目标、廉政目标等，同时可能还约定未实现目标时的违约责任。

一般情况下，工程总承包项目合同（协议书）中仅仅列出质量目标（设计质量目标、施工质量目标）、进度目标的明示条款，其他目标可能分散在安全生产管理协议、环境管理协议、廉政协议等合同附件中，也有可能没有明示条款，而只以隐含的形式体现在合同条款中。

项目管理人员在阅读合同或合同分解时，重点注意明示或暗示的目标约定，将其摘录出来，作为后续编制管理文件的依据。

2. 公司对项目管理的要求

公司建立了管理大纲、单元业务手册/部门手册、管理制度、操作手册等完善的综合管理体系，明确了质量管理目标、职业健康安全管理目标、环境管理目标、信息安全管理目标，同时每年会发布一次年度的质量管理目标、职业健康安全管理目标、环境管理目标、信息安全管理目标，并自上而下，逐级分解，最终落实到项目层面。

公司发布的工程总承包项目履约相关的管理制度中，细化了管理目标的种类。对项目管理而言，提出了包括技术目标、质量目标、进度目标、HSE目标、利润目标、费用目标、信息安全（含保密）目标、档案管理目标、廉政目标等各项目标。

公司对项目管理的目标应同时满足体系和制度的要求，并具有一定超前性，以确保体系目标得到保障。

4.2 项目管理目标含义

1. 质量目标

工程总承包合同约定中质量目标一般描述为设计质量符合项目所属行业的设计规范规定的设计产品的质量标准；施工质量目标符合项目所属行业质量验收规范规定的"合格"或"优良"等级（房屋建筑工程和市政工程的质量验收规范中规定质量标准只有两个等

级，即"合格""不合格"，而水电、水利、新能源等行业的质量验收规范中仍保留"优良""合格""不合格"三个等级），有时还会增加一条"一次性通过验收"的约定。

公司对项目管理提出的质量目标不仅仅指向产品质量目标（设计产品的设计质量目标和工程实体的施工质量目标），往往还会增加管理产品质量目标、服务质量目标等"大质量"概念下的质量目标，同时，结合技术目标实现的需求，可能对设计产品质量、工程实体质量提出高于合同约定的目标要求。

2. 进度目标

工程总承包合同中一般均会约定明确的进度目标，但表述上会有两种情形：一种是采用相对工期，另一种是采用绝对工期。

对于相对工期的合同，项目管理过程中必须关注项目业主是否按合同约定如期提供边界条件，及时记录移交时间，以及合同执行过程中项目业主提出的影响工期的各种指令，满足工期索赔条件时，及时向项目业主发出工期索赔通知和工期索赔报告，争取合同工期的顺延，并基于合同工期顺延后提出管理费增加的索赔诉求。

对于绝对工期的合同，项目管理过程中也应同样关注项目业主是否按合同约定如期提供边界条件，如果未能按期提供或在合同执行过程中发布影响工期的指令，应及时向项目业主提出赶工措施和赶工费用报告。

公司对项目管理提出的进度目标，一种是与合同进度目标相同，另一种是缩短合同工期，即要求项目管理团队在策划启动阶段即按缩短后的工期目标进行资源筹划、措施配置，编制管理方案。

合理地缩短建设工期，提高管理效率，以不增加投入或少量投入，实现工期提前，创造经济效益，保障项目利润目标的实现。

3. 安全目标和环境管理目标

工程总承包合同/安全生产管理协议中约定的安全目标、环境管理目标通常低于公司对项目管理提出的安全目标和环境管理目标。

公司对项目管理的安全目标、环境目标、职业健康目标往往是合并为 HSE 管理目标。目标包括管理指标和事故指标两大类，同时涵盖项目部自身的安全管理目标和分包商项目部的安全管理目标，见表 4 - 1。

表 4 - 1　　　　　　　　　　　　　HSE 管理目标

项目	具 体 内 容
管理指标	所负责实施的所有工程总承包项目安全评估率 100%
	制定安全生产（HSE）教育培训工作计划，员工（包括分包商员工、临时聘用人员、实习生）岗前安全培训、职业健康培训、操作技能培训、境外非传统安全教育和应急预案培训率 100%
	开展隐患排查并分级分类管理，在规定时间内安全生产（HSE）隐患整改率 100%
	本单位专职安全管理人员到位率 100%；负责建设的项目（工程总承包项目）安全总监到位率 100%
	特种设备检验率 100%，重要设施、重点部位的安全防护设施完好率 100%
	建设项目的特殊作业、危险作业项目编制专项安全技术措施，危险性较大分部、分项工程（单项工程）专项安全技术措施编制、审批、交底率 100%
	员工个人劳动保护配置 100%

续表

项目	具 体 内 容
管理指标	从事接触职业病作业劳动者的职业健康体检率100%
	工作场所职业病危害告知率和警示标识设置率、职业病危害因素监测率、主要危害因素监测合格率等100%
	职业病危害项目申报率100%
	总承包项目实施过程中废水排放、固体废弃物（含工程弃渣）处置不对环境造成实质性危害
事故指标	不发生有人员（含外聘人员）死亡的生产安全事故
	不发生较大及以上分包商（分包方、联营体施工方）负主责的生产安全事故
	不发生负有责任的有人员死亡的一般及以上交通事故
	不发生在自然灾害中承担管理责任的较大及以上安全事故
	不发生重大及以上的设备事故
	不发生造成人员死亡或直接经济损失30万元及以上的火灾事故
	不发生因质量问题引发的工程安全事故及由此导致的人身死亡和重大财产损失责任事故
	不发生群体性职业健康危害事件
	遏制一般突发环境事件，杜绝较大及以上突发环境事件；不发生对企业形象有重大负面影响的环境事件
	不发生民用爆炸物品丢失、被盗、爆炸责任事故/事件

4．技术目标

技术目标对工程总承包项目管理而言是概括性、纲领性的，宜包括管理、设计、采购、施工、试运行等各个方面拟采用的技术手段，是后续各个单项目标实现的保障和支撑。

项目管理方面：项目是否采用项目管理系统以及应用的模块数量；进度管理上是否采用"赢得值"管理技术。

设计方面：是否采用正向设计或逆向设计（试验段实质上就是一种逆向设计）；是否采用 BIM 技术进行设计，拟采用的专利技术。

采购方面：集中采购的占比；采购决策的指导原则（低价采购或是性价比结合采购）。

施工方面：主要单项工程的施工技术（如开挖方式、混凝土浇筑方式）；平行作业、流水作业或交叉作业的组织模式选择；拟采用的施工专利技术。

运行方面：无人值守或是有人值守模式的选择，主要指向自动化程度，是否实行远程控制。

同时，技术目标还可以包含新技术研发、创优报奖、高新技术企业建设维护等方面的技术支撑要求。

5．投资目标

目前推行工程总承包模式的建设项目，有一部分采用费率下浮＋合同限额的方式，在工程总承包合同中往往会约定投资控制目标，即要求工程总承包商通过限额设计，确保最终的合同结算价不超过合同签订时的暂定合同价，一旦超过即构成违约。

6. 费用目标

对于固定总价的工程总承包项目，应将合同总价按项目管理费、自营项目成本、分包项目成本、风险费、利润等大致划分，为后续的项目开办、采购管理等活动提供指导。

7. 利润目标

一般情况下，公司通过履约工程总承包项目合同，创造一定的利润，为公司的持续发展添砖加瓦。利润目标作为内部管理目标是一项必选项，利润率在项目可行性研究报告中已经作了预测，对于具有战略突破意义的项目，在项目可行性研究分析评审时，可同意利润为"零"甚至为"负"。

利润目标在经营、履约两个阶段应保持连续性，经批准的利润率在项目启动阶段不得随意变更，如需调整利润率，则应按原有审批流程再次审批。

8. 廉政目标

廉政文化是人们关于廉政的知识、信仰、规范和与之适应的生活方式、社会评价等的总和。一种文化一旦被人们所接受，它对人的行为和社会价值取向的影响将是根本性、长期性、广泛性的。廉政文化作为一种新型的文化现象，相对于从制度建设、源头治理等治本措施进行反腐斗争来说，具有更深层的潜移默化的作用。

设立廉政目标，准确传达公司廉政文化建设的标准、要求，为项目参建各方、项目管理人员实现共同的廉政文化提供指引。

9. 信息安全（含保密）目标

公司已通过第三方的信息安全管理体系的认证，为保持信息安全管理体系运行持续有效，作为体系组成部分的项目，设立信息安全目标是必要的也是必需的。

综合管理体系发布的年度信息安全管理目标如表 4 - 2 所示。

表 4 - 2　　　　　　　　　　年度信息安全管理目标

项目	目　　标
体系/信息安全管理	顺利通过信息技术服务和信息安全管理体系内部审核和外部认证审核，不出现系统性问题和严重不符合项
事故/事件控制	不发生计算机网络安全和信息安全责任事故；不可接受风险处理率 100% （所有不可接受风险应降低到可接受的程度），不发生重大信息安全事件；不发生泄密事件

10. 档案管理目标

工程档案是建设工程的重要组成部分，是工程质量的直接体现，是工程质量控制的关键环节，是提高工程质量的有效手段。

档案管理目标一般包括两个方面的要求：一是对外的档案管理目标，二是对内的档案管理目标。对外以按建设工程档案整理相关规范及接收档案部门的要求为标准，以顺利实现建设工程档案移交为目标；对内以公司发布的档案管理制度为标准，以图档中心接收为阶段目标，以为后续项目提供指导、参考为最终目的。

通过档案管理目标的设立，编制档案管理（信息管理）计划，指导项目部在项目履约过程中全过程整理、分阶段建档入库，实现工程项目管理的正向反馈，提高项目管理的规范化程度。

4.3 项目管理目标初拟

项目部在拟定项目管理目标时，应关注工程总承包合同中隐含的要求，避免制定的目标低于合同的约定，同时应关注公司发布的管理体系目标（当年未发布时可以参照前一年度管理体系目标），部分带有叠加性质的事故指标，应考虑多个项目同时发生后，累计造成总体目标的突破，宜适当提高指标标准。如火灾损失指标，公司发布的额度为损失 30 万元，项目部可以考虑将其管理要求提高到损失 15 万元或 10 万元。

项目部拟定管理目标后，应注意区分来自合同和来自公司管理，有重叠的目标在内部管理时以高标准为目标，但在编制需向监理或业主审批的管理文件时仍应沿用合同目标，如项目实施计划（该文件公司批准后还需上报监理或业主批准）中的目标仍按合同口径，且对于合同中未明示或暗示的目标可以不列入，而在编制项目管理计划（仅需公司批准，不需要上报监理或业主）时则需引用合同目标和项目管理目标中的高标准。

项目部拟定管理目标时，不一定将上述十项全部覆盖，可以减少，也可以合并、拆分。合并、拆分时可以考虑与项目组织机构设置、部门职责确定、岗位职责划分相结合，精简管理文件和管理动作。

4.4 项目管理目标策划组织

项目经理在策划会议上汇报项目部拟定的项目管理目标，并说明各个子目标是合同中约定还是自身管理需要拟定的。对于既是合同约定的，又是自身管理需要的子目标，阐述二者的不同要求。

参与策划的人员通过事先对合同的了解以及对工程总承包合同示范文本的理解和项目管理经验，就与项目业主相关的各子目标的适宜性进行评价，对合同中可能隐含的目标提出增加的建议；对自身管理需要而增加的子目标，确认与经营阶段要求的一致性，评价其可现实程度，对确因合同边界条件变化可能导致无法实现的子目标，提出变更的建议，由项目部重新发起审批流程；对于经营阶段无要求的，基于业绩积累、品牌建设等需求，评估其设置的合理性，对设置较低的子目标提出提升的建议，对于未设置的子项目提出增加的建议。

最终策划参与人员就各子目标达成一致意见，会议记录人员将最终达成一致的项目管理目标完整记录，以备后续整理会议纪要时引用。

4.5 项目管理目标策划应用实践

2018 年 5 月 24 日，在杭州亚运场馆及北支江综合整治工程总承包临时项目部召开的 EPC 总承包项目企业策划会议时，讨论明确项目的管理目标如下。

1. 进度控制目标

(1) 桥梁子项工程于 2020 年 10 月 31 日前完工。

（2）亚运场馆工程于 2021 年 1 月 31 日前竣工。

（3）上游水闸船闸工程、清淤工程、景观工程于 2021 年 3 月 31 日前完工。

（4）下游水闸子项工程于 2021 年 6 月 30 日前完工。

2．技术管理目标

（1）设计应遵循"先进合理、节能环保、安全可靠、经济适用"的原则，开展设计创新，推进新技术、新工艺、新设备、新材料的应用，做到节能、降耗、减排，降低工程造价，保证达到规定的设计深度和要求的质量。

（2）通过设计管理，充分发挥设计的龙头作用，达到提高设计质量、优化设计方案、控制工程造价的目标。

（3）本工程设计工作应获得至少一项省级优秀勘察设计"浙江省建设工程钱江杯奖"奖项，争取获得国家级优秀设计奖。

（4）通过设计管理，满足实施过程中项目的施工供图计划要求和设计质量要求，设计质量必须满足国家和浙江省相关规范、法规要求。

（5）设计与现场施工紧密联系，做到方便施工，与施工条件和周边环境相适应。

（6）施工组织、施工方案、测量成果、资源配置满足现场施工进度、安全和质量的要求。

（7）科研项目立项满足公司创建高新技术企业相关要求，工程完工后能按要求报并获奖。

（8）技术文件资料编码、归档满足档案管理要求，全部电子归档，实现云平台管理。

3．质量管理目标

（1）设计质量目标。遵照国家及有关部门颁布的相关设计规范、施工规范等进行设计服务。设计的深度应满足国家及有关部门现行有关文件要求，并通过相关部门审查和获得批复。

（2）施工质量目标。

1）检验批、分项、分部工程合格率 100％，一次验收合格率 95％以上，单位工程竣工交验合格率 100％。

2）工程交工一次验收合格率 100％，竣工一次验收合格率 100％，满足施工合同承诺的质量目标。

3）合同履约率 100％。

4）不发生一般及以上等级的质量事故，杜绝发生影响结构功能性的缺陷。

5）外部顾客总体满意度 85 分以上，无因质量问题发生的书面顾客投诉和重大顾客抱怨。

6）重大项目前期策划率 100％，不发生因质量问题引发的工程安全事故。

7）对所属协作单位质量责任书签订率达到 100％，并采取有效措施，确保执行。

8）力争创建省市政优质工程（钱江杯奖），争创国家级优质工程。

4．安全管理目标

（1）HSE 管理目标。

1）制定安全生产（HSE）教育培训工作计划，员工（包括分包商员工、临时聘用人员、实习生）岗前安全培训、职业健康培训、操作技能培训和应急预案培训率100%。

2）开展隐患排查并分级分类管理，在规定时间内安全生产（HSE）隐患整改率100%。

3）安全生产监督管理人员取得资格证书；安全总监到位率100%。

4）特种设备检验率100%，重要设施、重点部位的安全防护设施完好率100%。

5）建设项目的特殊作业、危险作业项目编制专项安全技术措施，危险性较大分部、分项工程（单项工程）专项安全技术措施编制、审批、交底率100%。

6）应急能力建设评估达到优良等级。

7）员工个人劳动保护配置率100%。

8）从事接触职业病作业劳动者的职业健康体检率100%。

9）工作场所职业病危害告知率和警示标识设置率、职业病危害因素监测率、主要危害因素监视合格率等100%。

10）职业病危害项目申报率100%。

11）所有提供的技术（工程）产品、服务与国家地方政府等有关环境保护和节能减排法律法规、规程规范的符合率100%。

（2）事故控制目标。

1）不发生所属员工（含外聘人员）重伤及以上的生产安全事故。

2）不发生一般及以上分包商负有责任的生产安全事故。

3）不发生负有责任的有人员重伤及以上的交通事故。

4）不发生在自然灾害中承担管理责任的一般及以上安全事故。

5）不发生一般及以上的设备事故。

6）不发生火灾事故。

7）不发生因质量问题引发的工程安全责任事故及由此导致的人身死亡和重大财产损失责任事故。

8）不发生群体性职业健康危害事件。

9）不发生较大及以上突发环境事件以及节能减排重大违法违规事件。

10）不发生计算机网络安全和信息安全责任事故；不发生泄密事件。

5. 费用管理目标

（1）根据设计成果动态完成成本测算，形成项目管理成本、分包成本和预备费的总体分配方案，确定费用管理具体目标。

（2）采用目标成本控制法，监测工程费用状态，采用检查、比较、分析、纠偏等方法和措施，对费用进行动态控制，确保项目的费用始终处于受控状态，施工图预算不超初设概算。

（3）严格按图审批准的施工图施工，通过深化设计，加强过程、程序和环节控制，严格按合同变更程序进行费用变更管理，使本工程成本和造价得到最为有效的控制。

（4）以确保工程质量为前提，通过深化设计控制工程造价和成本。

（5）通过科学的管理、先进的技术、充分的资源投入、经济合理的施工方案有效地控制工程造价和成本。

6. 环境保护目标

（1）遵守有关环境保护的法律、法规和规章的规定，做好施工区域的环境保护和水土保持工作，强化环境保护措施，防止由于工程施工造成施工区附近地区的环境污染和破坏，以满足国家和地方的环保法规规定。

（2）切实采取一切合理措施在合同实施中保护现场附近的环境，以避免因施工引起的污染、噪声和其他因素对公众或公共财产等造成伤害或妨碍。

（3）满足富阳"六个百分百标化工地创建"要求，创建"富阳区安全文明施工标化工地"（以下简称"标化工地"）。

（4）环境保护的基本目标为受地方政府投诉率为零。

第5章 项目组织体系与管理架构策划

5.1 法律法规对项目组织模式的要求

2016年5月20日，住房和城乡建设部印发了《关于进一步推进工程总承包发展的若干意见》（建市〔2016〕93号）（简称"新20条"），其中的第九条"工程总承包项目的分包"中规定，工程总承包企业可以在其资质证书许可的工程项目范围内自行实施设计和施工，也可以根据合同约定或者经建设单位同意，直接将工程项目的设计或者施工业务择优分包给具有相应资质的企业。仅具有设计资质的企业承接工程总承包项目时，应当将工程总承包项目中的施工业务依法分包给具有相应施工资质的企业。仅具有施工资质的企业承接工程总承包项目时，应当将工程总承包项目中的设计业务依法分包给具有相应设计资质的企业。

"新20条"再一次明确规定，工程总承包项目在发包时，可以采用"设计"或"施工"单资质，也可以采用"设计＋施工"双资质，可以是一家设计企业或施工企业承担工程总承包任务，然后采用总分包模式，将设计或施工分包给具有相应资质的施工企业或设计企业，构建工程总承包＋设计分包/施工总承包＋专业分包＋劳务分包的总分包模式；或者采用设计企业和施工企业组成的联合体承担工程总承包任务，然后由联合体成员方分别负责设计和施工业务，构建工程总承包（设计/施工）＋专业分包＋劳务分包的模式。

2019年12月23日，住房和城乡建设部、国家发展和改革委员会联合发布《关于印发房屋建筑和市政基础设施项目工程总承包管理办法的通知》（建市规〔2019〕12号），该办法自2020年3月1日起施行。办法第十条规定，工程总承包单位应当同时具有与工程规模相适应的工程设计资质和施工资质，或者由具有相应资质的设计单位和施工单位组成联合体。

按此管理办法的要求，在2020年3月1日之后，在房屋建筑和市政基础设施项目工程总承包发包时，必须采用"设计＋施工"双资质，即要不由一家企业负责设计、施工业务，要不由两家企业组成联合体，分别负责设计、施工业务，不再允许工程总承包＋设计分包/施工总承包＋专业分包＋劳务分包的总分包模式，只能是"工程总承包＋专业分包＋劳务分包"的模式。

其他行业的行政主管部门有关工程总承包的管理办法尚未提出双资质的规定，但极有可能会采用《房屋建筑和市政基础设施项目工程总承包管理办法》规定的"设计＋施工"双资质的要求，也只能采用工程总承包＋专业分包＋劳务分包的模式。在新管理办法发布之前，还可以继续采用工程总承包＋设计分包/施工总承包＋专业分包＋劳务分包的总分包模式。

海外项目不受国内法律法规的约束，视项目业主的要求和经营活动的需求，以单一企业或者组成联合体承接工程总承包项目，按合同约定构建项目组织实施模式。

5.2　项目组织实施模式的种类

项目组织实施模式根据主合同而定，一般有总分包模式、联合体模式，联合体模式还可分为紧密型联合体和松散型联合体两种形式。

1. 总分包模式

在总分包模式下，与项目业主签订工程总承包合同的只有一家企业，承担工程项目的设计、采购、施工、试运行等全过程服务，并对所承包工程的质量、安全、进度、造价全面向业主负责、向项目业主交付具备使用条件的工程。

目前已初步建立起以工程总承包商牵头负责，专业分包分担专项工程，劳务分包提供劳务等层次分明的分包管理体系。分包管理体系中可能包含的合同关系有如下几种：总承包商将工程的设计工作分包给设计分包商，设计分包商再将部分专业工程的设计工作分包；工程总承包商将所有的施工任务全部分包给施工总承包商，施工分包商可直接进行劳务分包，也可先进行专业分包再由专业施工分包商进行劳务分包；总承包商也可以将其承包工程的部分专业工程的设计—施工任务分包给相应资质的专业设计—施工分包商。

分包管理层次可根据工程规模、项目管理部管理能力及总承包商具备的资源调度能力、抗风险能力等因素分别设置为三级或四级。分包管理层次为：工程总承包管理层—分包管理层（—专业分包管理层）—分包工长/班组长—分包作业人员。

对于分别具有设计资质或施工资质或设计施工资质的工程总承包商而言，分包管理体系如图 5-1～图 5-3 所示。

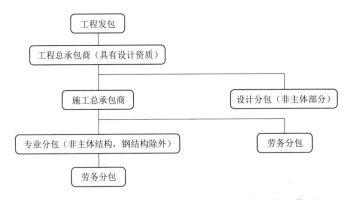

图 5-1　具有设计资质的工程总承包商的分包管理体系

2. 紧密型联合体模式

如图 5-4 所示，在紧密型联合体模式下，两家或两家以上企业通过联合体协议，共同与项目业主签订工程总承包合同，承担工程项目的设计、采购、施工、试运行等全过程服务，并对所承包工程的质量、安全、进度、造价全面负责，向项目业主交付具备使用条件的工程。

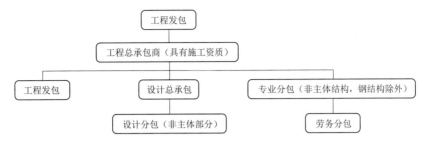

图5-2　具有施工资质的工程总承包商的分包管理体系

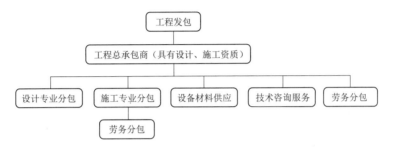

图5-3　同时具有设计和施工资质的工程总承包商的分包管理体系

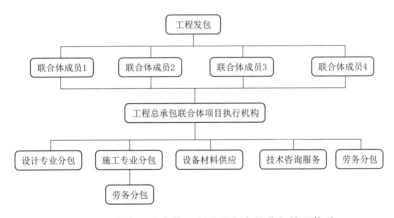

图5-4　紧密型联合体工程总承包商的分包管理体系

联合体成员通过联合体实施细则，确定权益比例，组建项目执行机构，共同承担风险，享受权益，制定联合体章程、运营规则等顶层制度，编制发布项目执行机构内部管理制度，一套管理标准适用于联合体各成员方进入项目执行机构的所有人员。一般地，权益比例占相对控股地位的联合体成员方作为联合体的责任方或牵头方。

实际执行过程中，有时会出现一种变形，称为半紧密型联合体模式，与项目业主的合同关系以及联合体项目执行机构的日常管理与紧密型联合体是一致，区别在于项目执行机构的内部管理。

联合体成员通过联合体实施细则，分割各自负责的合同范围和工作内容，明确项目执行机构的管理深度、人员组成及管理费用额度（仅用于开办费用、日常办公经费等支出，不包含项目执行机构内各自人员的人力成本），提取项目利润，确定分享比例，共同对各专业分包、劳务分包、设备材料供应、技术咨询服务等实施管理。半紧密型联合体工程总承包商的分包管理体系与紧密型联合体模式相同。

3. 松散型联合体模式

在松散型联合体模式下，两家或两家以上企业通过联合体协议，共同与项目业主签订工程总承包合同，承担工程项目的设计、采购、施工、试运行等全过程服务，在联合体协议中明确联合体成员方各自承担的合同范围和工作内容，并对各自承担的合同范围和工作内容的质量、安全、进度、造价对项目业主负责，其他成员方承担连带责任，最终向项目业主交付具备使用条件的工程。

联合体设置一个较为精简的管理机构，甚至没有常设机构，联合体各成员方按联合体协议的分工各自建立完整的管理体系，各自管理分工的合同范围和工作内容，如图 5-5所示。

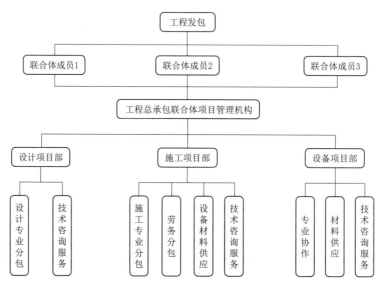

图 5-5　松散型联合体工程总承包商的分包管理体系

5.3　项目部组织架构设置

5.3.1　设置原则

1. 一次性和动态性原则

一次性主要体现为总承包项目组织是为实施工程项目而建立的专门的组织机构，由于工程项目的实施是一次性的，因此，当项目完成以后，其项目管理组织机构也随之解体。

动态性主要体现在根据项目实施的不同阶段，适时调整部门设置、技术和管理人员配置，并对组织进行动态管理。

2. 系统性原则

在总承包项目管理组织中，无论是业主项目组织，还是 EPC 总承包商项目组织，都应纳入统一的项目管理组织系统中，要符合项目建设系统化管理的需要。项目管理组织系统的基础是项目组织分解结构。每一组织都应在组织分解结构中找到自己合适的位置。

3. 管理跨度与层次匹配原则

现代项目组织理论十分强调管理跨度的科学性，在总承包项目的组织管理过程中更应该体现这一点。适当的管理跨度与适当的层次划分和适当授权相结合，是建立高效率组织的基本条件。对总承包项目组织来说，要适当控制管理跨度，以保证得到最有价值的信息；要适当划分层次，使每一级领导都保持适当领导幅度，以便集中精力在职责范围内实施有效的领导。

4. 分工原则

总承包项目管理涉及的知识面广、技术多，因此需要各方面的管理、技术人员来组成总承包项目部。对于人员的适当分工能将工程建设项目的所有活动和工作的管理任务分配到各专业人员身上，并会起到激励作用，从而提高组织效率。

5.3.2 工程总承包项目组织机构模式

对于总承包项目管理组织机构模式，必须从三个方面进行考虑，即总承包项目管理组织与总承包企业组织的关系，总承包项目管理组织自身内部的组织机构，总承包项目管理组织与其各分包商的关系。总承包项目常用的组织机构模式包括以下几种。

1. 矩阵式项目组织机构

当总承包企业在一个经营期内同时承建多个工程项目时，总承包企业对每一个工程项目都需要建立一个项目管理机构，其管理人员的配置，根据项目的规模、特点和管理的需要，从总承包企业各部门中选派，从而形成各项目管理组织与总承包企业职能业务部门的矩阵关系，如图 5-6 所示。

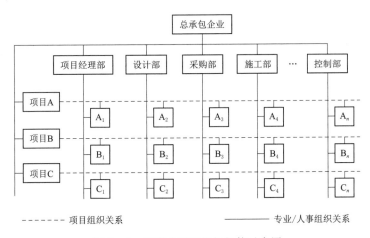

图 5-6 矩阵式项目组织机构示意图

矩阵式项目组织机构的主要特点在于可以实现组织人员配置的优化组合和动态管理，实现总承包企业内部人力资源的合理使用，提高效率、降低管理成本。此种项目组织机构模式也是总承包企业中用得比较多的项目组织机构模式。

2. 职能式项目组织机构

所谓职能式项目组织机构是指在项目总负责人下，根据业务的划分设置若干业务职能部门，构成按基本业务分工的职能式组织模式，如图 5-7 所示。

职能式项目组织机构的主要特点：职能业务界面比较清晰，专业化管理程度较高，有利于管理目标的分解和落实。

3. 项目型组织机构

在项目型组织机构中，需要单独配备项目团队成员。组织的绝大部分资源都用于项目工作，且项目经理具有很强自主权。在项目型组织机构中一般将组织单元称为部门。这些部门经理向项目经理直接汇报各类情况，并提供支持性服务，如图 5-8 所示。

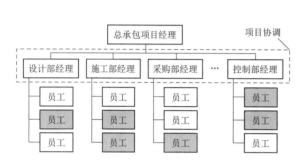

图 5-7　职能式项目组织机构示意图
（注：涂灰颜色的框代表参与项目工作的员工）

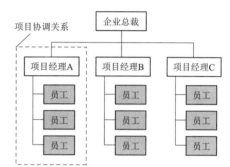

图 5-8　项目型组织机构示意图
（注：涂灰颜色的框代表参与项目活动的员工）

5.3.3　公司总承包项目的组织机构设置

1. EPC 总承包项目部的定位及其组织机构

当 EPC 总承包商与业主签订合同以后，应立即组建 EPC 总承包项目部。EPC 总承包项目部必须严格按照合同的要求，组织、协调和管理设计、采购、施工、投产试运行和保修等整个项目建设过程，完成合同规定的任务，实现合同约定的各项目标。

EPC 总承包项目部接受业主和 PMC/监理的全过程监督、协调和管理，并按规定的程序向业主和 PMC/监理报告工程进展情况。其主要职责包括以下方面：

（1）负责总承包项目设计、采购、施工、竣工验收、试运投产和保修等阶段的组织实施、指挥和管理工作。

（2）建立完善的项目运行管理体系，制定项目管理各项管理办法和规章制度，负责 EPC 总承包项目部的各项管理工作。

（3）完成设计或设计管理工作；负责对设计分包商的选择、评价、监督、检查、控制和管理。

（4）承担项目物资和设备采购、运输、质量保证工作；负责调查、选择、评价供应商，推荐合格供应商，并对其进行监督、检查、控制和管理；负责编制项目采购计划。

（5）承担项目建设的调度、协调和技术管理工作；负责项目施工总体部署和施工资源的动态管理；负责竣工资料的汇编、组卷等工作。

（6）编制项目总进度计划，并进行分析、跟踪、控制，负责总承包合同、分包合同实施全过程的进度、费用、质量、HSE 管理与控制。

（7）负责整个项目实施过程中文件信息全过程的管理、控制工作。

（8）在合同权限范围内，全面做好总承包项目建设用地的征用、管理和对外协调工作。

（9）协助业主成立投产试运指挥机构，统一协调整个项目的投产试运工作。

2. 岗位设置原则

在满足合同履约的前提下精简高效、科学合理、动态管理，强化安全生产四个责任体系建设，符合国家的法律、法规和集团公司规章制度规定。

总承包项目部：总承包项目部（项目经理部）岗位配置根据项目规模和合同要求确定，以合同额 3.0 亿～5.0 亿元规模的总承包项目为基准，一般设项目经理、项目副经理、安全总监、总工程师，特殊情况经批准可适当增配。

管理部门设置：根据总承包项目管理岗位设置指南的建议，工程总承包项目部一般采用项目部下设置二级部门的模式，按照管理职能分工，总承包项目部一般下设综合管理部、工程管理部、安全环保部，可根据项目规模及工作需要增设合同管理部、设计管理部、工程财务部等部门。项目规模与部门设置的关系见表 5-1。

表 5-1　　　　　　　　　　　　　项目规模与部门设置的关系

项目规模	管理部门
小型项目	综合管理部、工程管理部、安全环保部
中型项目	综合管理部、工程管理部、合同管理部、安全环保部
大型及以上项目	综合管理部、工程管理部、合同管理部、安全环保部、设计管理部、工程财务部

注　以上部门作为项目基本设置的参考，具体可视合同规模和项目实际情况调整。

对于较为简单的中小型项目，也可以不再设置二级部门，直接以管理岗位替代管理二级部门。

根据国内外工程管理的经验，在设立 EPC 总承包项目部组织机构时应注意：项目的控制部门和项目质量管理部门对整个项目部的运作起到重要的作用，尤其是控制部门要对项目的进度、费用等进行管理与协调，并且最后还应做完工总结，因此可以考虑放宽控制部门和质量管理部门领导的权限并提升其行政地位。

5.4　部门职责划分及岗位设置

5.4.1　职责划分原则

1. 合规原则

项目部应收集与工程建设相关的法律、法规以及项目所属行业的部门规章、政策性文件、部门管理制度，掌握法定的最低工作标准，确保部门职责划分时项目部的管理动作不出现遗漏、缺失。

2. 合约原则

项目部在划分部门职责时，应与工程总承包合同约定的组织模式相适应，尤其是在联合体模式下，联合体项目执行机构的管理活动应与联合体成员内部的管理活动有一个划分标准，并与项目业主达到一致意见。

3. 经济原则

现行的法律法规仅对工程总承包商的义务作了原则性的规定，规程规范也没有对工程总承包管理的管理内容、广度、深度作具体的界定，项目部在划分部门职责时应结合经济原则，确定各部门管理动作的广度、深度，明确管理的措施、手段、方法，建立项目参建各方的工作机制，使得工程总承包合同范围内的工程总承包单位、设计单位、施工总承包单位、专业分包单位、劳务作业班组与监理单位、项目业主在项目实施过程中组织、实施、管理、督促、监理、监督等活动保持顺畅，不出现过度的冗余。

5.4.2　部门职责

根据合同范围和合同工作内容，梳理明确项目部管理工作内容，将管理工作内容按主要工作、配合工作和其他工作的方式分解到各个部门，同一项工作内容需多个部门参与的，应明确主责部门、配合部门。同时应明确非合同范围内但属于公司管理必需的管理内容的分解落实，如院安全生产标准化达标评价、综合管理体系的实施等。

以大型项目的部门设置为例，划分各部门的工作职责如表 5-2 所示，对于中型或小型项目，可根据部门合并，将相应的职责合并描述。

表 5-2　　　　　　　　　　　　　管理部门职责参考表

项目管理部门	工作职责（参考）
综合管理部	1. 负责项目部办公室及宿舍的日常管理（含安全），负责办公用品的采购及领用工作。 2. 规范整理工程资料，建立完善工程档案，确保工程资料及工程档案符合当地主管部门及院图档中心的相关要求。 3. 负责项目部员工考勤、报销、工资津贴的发放管理工作。 4. 负责项目部日常接待及会务操办工作。 5. 完成项目经理交办的其他工作
工程管理部	1. 负责项目施工管理，对施工进度、质量等进行具体控制，具体落实对施工分包方的监督、管理和协调工作。 2. 熟悉施工图纸、施工组织设计和专项施工方案，督促现场施工技术可控。 3. 对工程质量、安全进行巡视，定期与不定期抽查，对质量、安全问题提出专业意见并及时汇报。 4. 负责项目现场进度的管理工作，现场落实实施性进度计划，及时纠偏。 5. 编制项目日报、周报、月报和年度工作总结。 6. 具体协调现场工作，及时向上级领导反馈各种信息，以促进工程的顺利推进。 7. 负责工程的单机试运行、联动试运行、试生产等管理工作，编制试运行相关各类台账及总结。 8. 完成项目经理交办的其他工作
合同管理部	1. 在项目经理领导下，负责该项目采购、合同及成本管理。 2. 协助项目经理编制项目采购/合同文件，开展采购及合同谈判工作。 3. 对项目部进行合同交底，建立合同实施的保证体系和合同文件的沟通机制。 4. 具体办理进度结算，建立合同管理台账，及时向项目经理汇报合同实施情况及存在问题。 5. 协助项目经理编制项目成本预算，落实成本费用控制工作。 6. 制定合同变更处理程序，落实变更措施并建立相关资料；落实索赔及反索赔工作。 7. 负责做好合同收尾工作，做好相关资料的整理归档。 8. 落实合同风险管理工作。 9. 完成项目经理交办的其他工作

项目管理部门	工作职责（参考）
安全环保部	1. 认真贯彻执行国家安全生产、环境保护和职业健康的方针政策、法律法规以及公司规章制度。 2. 负责建立项目部的 HSE 管理体系，推动和落实安全生产标准化建设，负责项目的职业健康、能源节约和环保管理。 3. 负责建立安全生产评价制度并落实，组织开展危险有害因素和环境因素的辨识和评价、重大风险因素控制、事故隐患排查与治理等。 4. 开展项目层面日常 HSE 管理工作，组织开展 HSE 教育培训与宣传。 5. 组织开展应急管理、突发事件应急管理工作。 6. 组织对 HSE 事故、事件（问题）的调查处理。 7. 完成项目经理交办的其他工作
设计管理部	1. 负责项目设计管理工作，充分发挥设计在 EPC 总承包管理中的龙头作用。 2. 组织提供设计输入条件，参评项目设计方案，协助项目经理优选出既能满足合同功能和工艺要求，又能降低项目成本、方便施工的技术方案。 3. 负责项目设计产品质量总体控制，组织或参与设计内部、外部评审工作，并跟踪评审意见的落实情况。 4. 负责设计进度总体管理，控制设计进度以满足工程建设进度的要求。 5. 制定设计考核管理办法，调动设计人员积极性。通过深化、细化、优化设计方案，解决项目进度、质量等施工问题，降低项目成本。负责对设计工作进行考核，提出奖惩意见。 6. 对重大设计变更按要求提交评审。 7. 积极思考通过深化、优化、细化设计方案，提高现场施工的安全性并易于现场施工质量控制。 8. 及时组织设计单位进行设计文件、重大设计变更的交底，做好相关记录
工程财务部	1. 贯彻执行国家财经政策、法规和院财务（资金）管理制度。 2. 负责项目会计核算管理工作；负责符合所在地会计核算管理工作。 3. 结合项目部实际，制定各项财务（资金）管理办法和相关实施细则并组织实施。 4. 负责项目部财务（资金）预算管理工作，对日常资金的风险进行管理。 5. 负责项目部资产的价值管理工作。 6. 负责项目部成本费用管理工作。 7. 负责项目部年度预算、决算和各项财务报表工作。 8. 提供财务决算、财务分析及财务风险管理信息。 9. 负责项目部资金的筹集、使用和管理，确保资金安全。 10. 负责项目及个人的各种纳税申报工作。 11. 完成项目经理交办的其他工作

注　以上部门职责供项目部参考，具体可视项目实际情况调整。

5.4.3　岗位设置

　　各部门的岗位数量按总承包项目管理岗位设置指南的建议，结合项目组织实施模式、项目管理费预算额度（如尚未下达项目责任书的，则可按同类项目的执行情况与公司协商后初步确定项目管理费预算额度）进行配置。表 5-3 为建议的工程总承包项目管理人员配置数量。

　　项目领导班子成员也应按部门职责分工的方式进行分配，项目经理、项目副经理、安全总监、总工等领导班子成员应该与部门挂钩，必要时可以兼职。

　　各部门内的岗位设置可按工作内容进行设置，但岗位数不等于人员数，可以一岗多人，也可以一人多岗，既要看岗位的工作量，也可看人员的能力，做到人尽其才，合理配置管理人员。

表 5 - 3	工程总承包项目管理人员配置数量		单位：人
部　门	管 理 人 员 数 量		
	小型项目	中型项目	大型及以上项目
项目班子	2	2～4	4～8
综合管理部	1	1～2	1～3
工程管理部	1～2	1～3	3～7
合同管理部	—	1～2	2～4
安全环保部	2～3	3～5	4～7
设计管理部	—	0～1	1～2
工程财务部	—	0～1	1～2
小计	6～7	8～16	16～29

注　以上作为管理人员配置的参考，具体可视合同规模和项目实际情况调整，并符合国家行业规定或集团管理要求人员配置标准。

5.5　管理资源投入计划

根据岗位设置情况，大致确定所需的人员数量编制人员投入计划，对于尚在其他项目任职的，通过沟通协调，落实到任时间，对尚无意向人选的，则列入项目合作计划或人员招聘计划，协调公司综合市场部进行人员招聘。

其他管理资源主要包括现场交通车辆、办公生活设施。根据项目特点及管理人员数量，估计现场车辆的需求，确定具体的型号、投入时间、退场时间，现场交通车辆可以采用调用、新购、租赁等方式；根据人员投入计划，确定办公生活设施的配置数量、配置时间。

5.6　项目管理计划和项目实施计划

5.6.1　项目管理计划

项目管理计划是一个全面集成、综合协调项目各方面的影响和要求的整体计划，是指导整个项目实施和管理的依据，由项目经理根据合同和公司管理层的总体要求组织项目主要人员编制。项目管理计划需体现公司对项目实施的要求和项目经理对项目的总体规划和实施方案，是阐明管理项目的方针、原则、对策和建议，是一个内控文件，不对外发布。

项目履约策划时应讨论确定项目管理计划的大纲。如履约策划时未就提纲进行专题讨论，可按下列内容编制项目管理计划。

（说明：以下文字采用两种字体，楷体部分为说明性文字，在正式编制项目管理计划时应全部删除，宋体部分为项目实施计划的示范，可全文引用或部分引用。）

1　项目概况

2　项目范围

3　项目管理目标

宜先写一段针对项目整体的功能性描述的目标，然后再分各目标进行描述。

　　3.1　技术目标

　　3.2　质量目标

　　3.3　安全目标

　　3.4　费用目标

　　3.5　利润目标

　　3.6　进度目标

　　3.7　职业健康目标

　　3.8　环境保护目标

　　3.9　廉政目标

　　3.10　信息安全（保密）目标

　　3.11　档案管理目标

4　项目实施条件分析

根据项目情况和实施条件、项目发包人提供的信息和资料以及相关市场信息等，从技术、商务和项目内外部环境等方面对项目实施条件进行分析。

　　4.1　技术方面

从项目的技术原则、技术特点、难点，合同中规定的保证条件，企业的技术储备，企业以往类似项目的经验，专利技术或专有技术的获得以及技术方面潜在的风险因素等方面进行分析。

　　4.2　商务方面

根据合同价款，从项目费用估算、预算，预期的利润和与费用有关的特殊问题，如购买专利或专有技术的费用，涉及第三方的费用，可能的潜在风险，非常规的合同条款等方面进行分析。

　　4.3　环境方面

分析项目内外部环境因素对项目实施的影响。

5　项目的管理模式、组织机构和职责分工

6　项目实施的基础原则

　　6.1　设计

　　6.2　采购

　　6.3　施工

　　6.4　试运行

7　项目协调程序

此处表述的是项目执行期间，项目部与公司、职能部门之间的协调程序，以及当需要公司介入时与外部的协调程序。

8　项目的资源配置计划

项目实施所需的资源分为两类：一类是工程总承包企业自身的资源，项目部列出资源投入清单，协调相关部门按计划进行配置；另一类是通过分包合同，由分包商投入的资源，项目部需要提出对分包商资源的要求以及管理措施。

9　项目风险分析与对策

这部分内容应与经营阶段的项目可行性研究分析中得出的风险评估报告衔接，并进一步进行梳理。

10　合同管理

11　项目税费筹划

通过税费筹划合理降低企业的税费支出，以创造更大的利润空间，并以项目税费筹划的成果影响后续的分包方案的策划。

5.6.2　项目实施计划

项目实施计划是实现项目合同目标、项目策划目标和企业目标的具体措施和手段，也是反映项目经理和项目部落实工程总承包企业对项目管理的要求。

项目实施计划需在项目管理计划获得批准后，由项目经理组织项目部人员进行编制，是用于对项目实施进行管理和控制的文件，是项目实施的指导性文件，需具有可操作性，经项目业主确认后作为项目实施的依据，在项目层面公开。

项目履约策划时应讨论确定项目实施计划的提纲。如履约策划时未就提纲进行专题讨论，可按下列内容编制项目实施计划。

（说明：以下文字采用二种字体，楷体部分为说明性文字，在正式编制项目实施计划时应全部删除，宋体部分为项目实施计划的示范，可全文引用或部分引用。）

1　项目背景

本节主要交代工程总承包项目管理合同的由来，以及项目前期工作的开展情况，并对项目管理合同签署前已经达成一致的有关项目实施过程中部分实施工作的具体做法的说明。在具体项目的项目实施计划中可以"前言"代替，或者不写。

2　概述

2.1　项目简要介绍

2.1.2　交通条件

2.1.3　自然条件

2.1.4　气象条件

2.1.5　社会条件

2.1.6　项目相关方

2.2　项目范围

项目范围是指实施项目管理的工程范围，包括两层含义：首先是指实施阶段，其次是指工程建（构）筑物的范围，并明确在上述各个实施阶段内需要进行管理的各项工作内容，以及在施工实施阶段的各项控制内容。项目范围应与项目管理合同中的项目范围保持一致。例如：工程承包范围是以工程总承包方式建设××工程。包括初步设计、施工图设计、土建工程施工和工艺、电气、仪表和自控设备的采购及安装工程，并负责完成系统设备的单机调试、联动调试，提供工程验收所需的资料（包括所有的技术资料、工程资料和竣工资料等的交付）、人员培训和维修手册的编制、工艺调试，协助项目业主完成工程竣

工验收，并承担完工后五年的运行（自工艺调试完成之日起计算），以及工程竣工后1年质量保证期内的缺陷的修复。

2.3 合同类型

2.4 项目特点

2.5 特殊要求

3 总体实施方案

3.1 项目目标

项目目标既是公司实施项目管理过程中对自身的目标要求，也是履行项目管理合同的合同义务，项目管理目标应不低于项目管理合同中约定的合同义务目标。一般地，项目管理目标设置应项目管理计划中要求的目标保持一致。

头上先写一段针对项目整体的功能性描述的目标，然后再分各目标进行描述。

3.1.1 技术目标

3.1.2 质量目标

3.1.3 安全目标

3.1.4 费用目标

3.1.5 进度目标

3.1.6 职业健康目标

3.1.7 环境保护目标

3.2 项目实施的组织形式

3.3 项目阶段的划分

3.4 项目工作分解结构

3.5 项目实施要求

3.6 项目沟通与协调程序

3.7 对项目各阶段的工作及其文件的要求

3.8 分包计划

4 项目实施要点

4.1 工程设计实施要点

4.2 采购实施要点

4.3 施工实施要点

4.4 试运行实施要点

4.5 合同管理要点

4.6 资源管理要点

4.7 质量控制要点

4.8 进度控制要点

4.9 费用估算及控制要点

4.10 安全管理要点

4.11 职业健康管理要点

4.12 环境管理要点

5.7　项目现场管理活动工作机制

5.7.1　外部管理活动工作机制

工程总承包模式相比于工程建设传统模式，建设各方主体以及行政监督部门之间的工作机制并没有一个固定的方式，在不同的项目、不同的项目业主、不同的行政区域存在着一定的差异。在项目初期，建立并理顺建设各方主体（包括项目业主、监理机构、工程总承包商以及供应商、技术咨询服务提供商等）之间的工作机制，确定各方沟通的范围、渠道、方式、频次，明确各类信息交流的流程，与项目所在地的建设行政主管部门沟通确定监督、检查的对象、方式，为工程总承包项目的顺利履约创造条件。

5.7.2　内部管理活动工作机制

工程总承包合同范围内的项目管理、设计方、施工方、材料设备供应方等内部参与各方也需要在项目初始阶段建立管理活动工作机制，确定各方之间的管理关系，信息交流的流程，对外接收、发送信息的权限，保证项目履约期间项目信息的有序流程，不出现内部成员或分包商越权对外发布项目信息的现象。

对于联合体模式，内部管理活动工作机制还应明确联合体各方在工程总承包层面的管理职责划分标准，明确联合体各方独立对外沟通交流的范围和职责，以指导项目履约期间联合体各方在质量、进度、安全、环保等各个方面管理职责、管理活动的梳理。

5.8　项目组织体系与管理架构策划

5.8.1　项目组织架构

项目经理应结合前期经营阶段公司领导对项目实施的指导意见、经营团队对项目执行的认识、与合作伙伴合作协议的要求、对项目业主的承诺、项目业主对项目组织架构的意见以及工程总承包合同中关于项目执行机构组建的约定，拟定项目组织架构。

一般地，项目经理应拟定两个组织架构，以便在履约策划时讨论、选择、修改。必要时，可以将上报项目业主的组织架构与实际执行的组织架构区分开来，上报项目业主以满足项目业主要求、合同约定、外部备案为原则，实际执行以满足合作模式、管理成本、人员结构、管理深度为原则。

在总分包模式下，项目组织架构应满足两层结构均完整，即工程总承包项目部的组织架构与施工项目经理部的组织架构，工程总承包项目部对施工项目经理部的管理是基于法律法规的规定和施工总承包合同的约定，不应直接干预施工资源调配和作业班组工作安排。

在紧密型联合体模式下，项目组织架构应满足决策管理层、现场经营层、生产管理层、生产实施层自上而下贯通，使施工组织、资源调配、作业安排在一个平台上完成。决策管理层是指紧密型联合体的董事会、监事会、安全生产委员会等顶层管理部门，现场经营层是指总承包项目部的管理班子，生产管理层是指总承包项目部下设的二级职能管理部门，生产实施层是指总承包项目部下设的各个作业工区和专业分包的项目部。

在松散型联合体模式下，项目组织架构应与合同范围、工作内容的划分保持协调，即监督管理的职能保留在总承包项目部内，以部门设置简易划分，负责标准制定、发布、过程监督检查，检查确认法律法规在项目的执行状况；生产组织实施的职能下沉至二级项目部，即设计项目部或施工项目经理部，其设置应是一个完整的项目部，包括生产组织、职能管理。

项目经理应对每一个拟定的项目组织架构进行初步的职责划分，包括项目班子成员的分工、部门职责的划分、法定管理职责的分解落实，以便下一步编制实施计划时深化、细化，并保持连续。一般地，职责划分可以表格形式简要表述。

项目履约策划时，项目经理应汇报项目组织架构拟定的依据、原则、思路，并简要汇报职责划分，策划人员对组织架构、职责划分的合规性（符合法律法规和规程规范的规定、符合合同的约定）、经济性、合理性、可实施性进行充分的研讨，并最终形成建议的组织架构，以指导项目部后续管理活动的推进。

项目组织架构的建议应记录在履约策划会议纪要中，职责划分经讨论后，项目部可以在后续编写项目部内部管理制度时，视人员派遣状况作必要的调整。

5.8.2　资源投入计划

项目经理根据拟定的项目组织架构，初步确定岗位设置和人员配置需求，并依据工程进度计划，编制人员入场计划。

项目经理根据项目部人员规模，规划项目部建设方案；根据人员入场计划，编制现场交通车辆、办公生活设施投入计划。

人员计划应包括意向人员和人员的来源。现场交通车辆配置计划应明确采用调用、新购、租赁等方式。

项目履约策划时，对人员配置的合理性进行评审，尤其是对跨分公司的人员流动进行评审，对人员入场计划与项目进度的协调一致性进行评审。

5.8.3　项目管理计划和项目实施计划

项目经理应事先向项目主要人员宣贯项目管理计划和项目实施计划的作用和意义，组织人员对一级目录进行梳理，初步构建适用于项目的管理计划和实施计划的目录。

项目履约策划时，项目部汇报拟定管理计划和实施计划的原则、思路，以及初步形成的一级目录，策划人员对项目部梳理的管理计划和实施计划的一级目录以及编制的思路进行评审，补充计划的内容，确定编制的目录，并为项目部编制管理计划和实施计划提供指导。

评审通过的管理计划和实施计划的一级目录是项目部后续编写管理计划和实施计划的提纲。

5.8.4　项目现场管理工作机制策划

项目部根据工程总承包合同范围、项目实施模式，以及项目业主对项目管理活动的介入深度的初步了解，结合以往当地项目行政主管部门对工程总承包模式建设项目监督检查的对象、方式，初步构思一个项目现场管理活动工作机制，包括对外管理活动工作机制和对内管理活动工作机制。

对外管理活动工作机制应明确工程总承包商与项目业主、监理机构的日常交流机制（例会制度），明确参与监理例会的人员范围，明确项目业主指令、监理指令接收对象是工程总承包商还是施工承包商的界定标准，明确项目行政监督备案的主体。

对内管理活动工作机制应明确项目部与设计、供货、施工、调试等参建单位开展内部日常交流的工作机制（例会制度），明确设计中间成果的会签机制，明确设计最终成果的确认机制，明确施工、调试承包商技术文件复核机制，明确设计、施工、调试各方可以直接对外发布信息的范围，明确重要技术文件上报监理或项目业主的流程。

策划过程中，对项目部初拟的工作机制进行讨论，结合策划参与人员对项目的认识、对项目业主的了解，以及对项目所在地行政主管部门监督检查工作的熟悉，为项目部构思的工作机制提供建议，以便于项目部在后续尽快完成与项目参与各方沟通确立工作机制。

5.9　项目组织架构策划应用实践

杭州成功申办 2022 年第 19 届亚运会，提出了"绿色、智能、节俭、文明"的理念，将融合信息经济、智慧应用，利用"互联网＋"办成一届智能化程度较高的亚运盛会。其中举办赛艇、皮划艇项目的水上运动中心选址北支江，水上激流回旋项目场馆选址龙门镇，都为富阳的城市发展尤其为文化体育事业发展提供了重要契机。这将极大促进富阳东洲城市基础设施建设改造升级，加快城市新区发展，推动相关产业发展，同时也是宣传城市形象，促进文化交流的大机遇。

北支江综合整治及亚运场馆工程 PPP 项目正是为适应富阳区域总体规划及杭州 2022 年亚运会承办需求而实施的重大项目，该项目于 2017 年 12 月完成招标，采用政府和社会资本合作（PPP 模式）进行投融资建设，招标阶段由富阳区人民政府授权杭州市富阳区水利水电局作为实施机构，实施阶段实施机构调整为杭州富阳城市建设投资集团有限公司，股权结构为：政府方占股 10%，社会资本方占股 90%，项目总投资约 404848.78 万元（不包含建设期贷款利息）（以政府批准的初步设计为准），合作期限 23 年，其中建设期3年、运营期20年。运作模式采取PPP模式，建设管理模式采用EPC总承包模式，负责该项目建设内容的设计、施工、采购。

5.9.1 组织架构策划

2018年10月29日，在亚运场馆及北支江综合整治工程总承包项目部召开EPC总承包项目深化总体策划，针对项目建设活动的全过程作预先的考虑和设想，讨论明确策划原则，明确项目技术、质量、安全、费用、进度、职业健康和环境保护等目标，明确相关管理程序，明确项目组织模式、组织机构和职责分工，制定资源配置计划、项目协调程序、风险管理计划和分包计划。

梳理明确的涵盖项目相关各方的工程总承包项目实施机构组织架构，如图5-9所示。策划确定的工程总承包项目部内部组织架构，如图5-10所示。

5.9.2 职责分工策划

5.9.2.1 主要人员职责

1. 项目总负责人（项目经理）主要职责

项目经理是总承包合同中的授权代表，代表华东院（总承包单位）在项目实施过程中承担合同项目中所规定的工程总承包方的权利和义务，执行工程总承包企业的管理制度，维护企业的合法权益。主要职责包括以下方面：

（1）负责按照项目合同所规定的工作范围、工作内容以及约定的项目工期目标、质量标准、投资限额等合同要求全面完成合同项目任务；代表企业组织实施工程总承包项目管理，对实现合同约定的项目目标负责。

（2）在授权范围内负责与项目干系人的协调，解决项目实施中出现的问题。

（3）全面负责总承包项目部的组织管理和团队建设，贯彻落实国家有关法律法规，严格执行上级部门的各项规章制度。

（4）全面组织、主持总承包项目部的工作，主持制定进度、质量、安全、文明施工、环境保护目标及方针，建立健全相应管理体系并保持其有效运行，对项目实施全过程进行策划、组织、协调和控制。

（5）负责项目的决策工作，领导制定项目部各部门的工作目标，审批各部分的工作标准和工作程序，指导项目的设计、采购、施工以及项目的质量管理、进度管理、行政管理等各项工作，对项目合同规定的工作任务和工作质量负责，并及时采取措施处理项目出现的问题。

（6）定期向项目上级主管部门报告项目的进展情况及项目实施中的重大问题，并负责请求主管和有关部门协调及解决项目实施中的重大问题。

（7）负责组织项目的管理收尾和合同收尾工作。

（8）分管综合管理部。

2. 项目副经理（常务）主要职责

（1）协助项目经理组织项目部的正常管理工作，协助项目经理抓好安全、质量、进度及责任成本控制。

（2）负责项目的组织指挥，协调各方关系，保证业主、监理单位及集团公司指挥部指

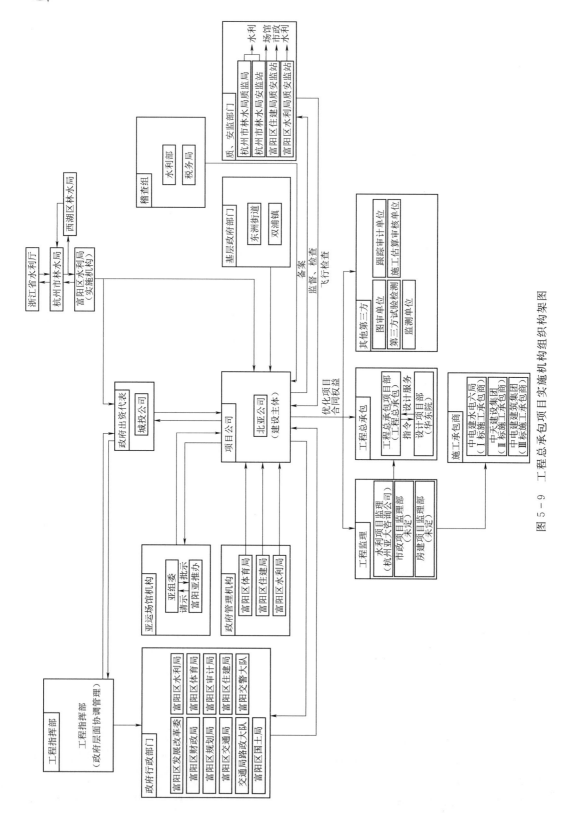

图 5 - 9 工程总承包项目实施机构组织构架图

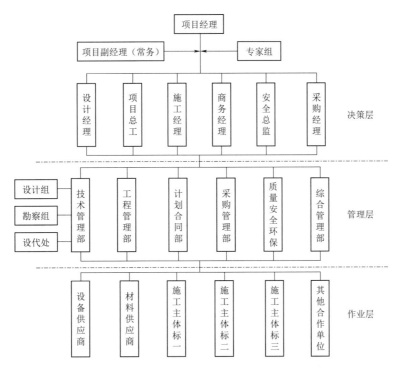

图 5-10　工程总承包项目部内部组织架构图

令的实施。

（3）负责协调和处理相关方的意见，进行工程施工计划、计量、质量、材料等方面的请示联系工作。

（4）负责总承包项目部内部专业接口管理工作。

（5）负责工程项目变更、工程索赔的内部初审工作。

（6）负责组织编制项目部的管理办法和文明施工管理规则，并负责贯彻落实。

（7）定期向项目经理汇报工作，落实员工思想交流，接受公司相关部门的监督，完成项目经理交办的其他工作。

（8）分管对外协调及工程管理部工作。

3. 项目设计经理主要职责

（1）在项目经理的总体领导下，全面负责项目的设计工作，保证项目的设计进度、质量和费用符合项目合同的要求。

（2）负责与设计各专业、施工现场需求的管理和协调工作。

（3）负责组织设计团队，派遣现场设计人员。确定设计标准、规范，制定统一的设计原则并分解设计任务。

（4）负责工程施工图的设计、优化工作，解决施工阶段设计方面的技术问题，负责工程竣工验收设计工作，并分管技术管理部。

（5）负责与施工、采购的接口管理。

（6）负责组织各设计专业编制设计文件并对设计文件、资料等进行整理、归档，编写设计完工报告、总结报告。

（7）完成项目经理交代的其他任务。

4. 项目施工经理主要职责

（1）在项目经理领导下，全面负责施工项目部的组织管理和团队建设，贯彻落实国家有关法律法规，严格执行总承包项目部的各项制度，落实项目实施的质量、进度、成本、安全、文明施工等管理目标。

（2）建立健全工作联系相关制度，与地方主管部门、设计部、监理单位、分包单位等建立良好的协调机制，主持解决施工现场重大协调问题。

（3）主持施工项目部总体管理规划、质量计划、施工组织设计的审定；参与专项施工方案以及各项保证控制措施的审定；主持施工项目部人力、材料、配件、设备、资金等年、季、月需用量计划的审定，并负责组织、督导实施。

（4）严格履行工程施工子项合同的工作内容，并依据合同约定主持专业项目分包。对分包工程的进度、质量、安全、成本和文明施工等管理目标负责。

（5）接受地方主管部门对工程项目的监督、检查；接受上级职能部门的审计。

（6）负责工程竣工验收申请书的制作和报审，参与竣工验收。负责竣工后的工程保修和项目管理工作的经验总结。

（7）完成项目经理交办的其他工作。

5. 项目总工程师主要职责

（1）在项目经理的领导下，全面主持技术管理工作，基本职责有：贯彻执行国家和行业技术、安全、质量、环保政策；执行施工合同约定的技术规程规范和质量标准；建立健全各级技术责任制及技术管理制度，保持技术体系、质量体系在项目部的持续、有效运行；熟悉、研究和掌握施工合同，优化施工方案和措施，提高技术对总承包项目部经营成果的贡献率。

（2）负责组织技术人员熟悉、审查图纸。主持、组织编制施工组织设计、施工方案、技术措施、作业指导书、质量安全保证措施、施工计划、资源配置及材料计划等施工技术文件。负责审核报送监理的技术文件。

（3）负责建立技术管理制度、实施细则、奖罚细则等技术管理制度。负责组织将分包人的技术管理纳入项目部技术管理体系。负责技术体系的建立，并保持其有效运作。

（4）负责组织技术交底，检查督促工程管理部、各工区的技术交底工作，促使工程施工严格按照施工技术文件要求科学有序地进行。

（5）负责测量及其核定工作，指导和领导试验及监测控制。

（6）负责组织合理化建议活动，突出方案和措施优化，领导开展科技开发和科技攻关工作，应用推广新技术、新工艺、新材料、新设备，提高技术对经营效果的贡献率。

（7）组织专家、技术人员进行项目技术难题攻关，及时解决工程施工中存在的技术难题。

（8）组织和领导技术人员开展技术学习，培育技术人员，组织技术交流活动。

（9）组织各项技术资料的收集、签证、整理、归档和竣工资料的编制工作。负责组织编制工程项目完成后的技术总结。

（10）主持工程重大的施工技术、质量事故和安全问题的调查、分析和处理。

（11）负责协调项目部技术系统与生产、质量、安全等系统之间的相互关系。

（12）主持项目部技术工作会议和重要技术专题会，讨论与施工有关的技术、质量、安全问题，并作出决定。

（13）负责与业主、设计、监理进行技术交流、协商、沟通。

（14）对工程重大施工和技术方案的执行进行监督和检查。

（15）分管质量安全环保部、工程管理部工作。

6. 项目安全总监主要职责

安全总监是总承包项目部安全生产工作的主管负责人，在项目经理的领导下，对安全生产工作负直接领导责任，代表企业对项目生产安全行使监督检查职能，指导安全员工作。

（1）负责建立现场项目环境职业健康安全生产管理制度体系，起草安全检查、安全教育等各项安全生产制度并督促项目贯彻实施，审核专项安全方案，组织开展新进场人员的三级安全教育，参加项目重大伤亡事故的调查和处理等。

（2）建立健全安全生产管理制度，包括安全生产责任制、安全检查制、安全教育制，并定期检查。

（3）定期组织各参建方进行安全生产大检查。督促落实施工安全管理和安全文明标准化工地建设工作。

（4）对现场施工安全进行管理、监督和协调，以及项目负责人交办的其他事务，分管质量安全环保部。

（5）组织开展危险源辨识评价以及重大危险因素的控制措施，适时开展安全检查，督促有关各方落实隐患整改措施。

（6）完成项目经理交办的其他工作。

（7）分管质量安全环保部工作。

7. 采购经理主要职责

（1）负责编制采购计划和采购方案。

（2）负责组织实施采买活动（询价采购、招标采购、单一来源采购、直接采购等）和合同谈判，组织采购合同签订。

（3）负责组织货物催交、接收，协调设备厂家配合安装调试及试运行工作。

（4）协助施工负责人进行决策，协助工程管理部进行现场机构设备的调配，协助技术管理部对现场厂家设备及人员的协调管理。

（5）完成项目经理交办的其他工作。

（6）分管采购管理部工作。

8. 商务经理主要职责

（1）主持项目部合同商务、经营管理、结算报告等文件的编制和审查。

（2）负责项目部合同商务等管理体系运行和改进，负责项目合同交底、成本控制。

（3）负责在建项目经营、物资设备管理等工作。

（4）主持对在建项目进行经营责任制考核。

（5）负责项目部合同经营人员的教育、培训和选拔。

（6）具体负责商务合同及索赔管理，内部成本控制管理，业主、监理往来文函处理，与业主、监理的沟通协调及其他对外工作。

（7）完成项目经理交办的其他工作。

（8）分管计划合同部工作。

5.9.2.2　部门职责

1. 技术管理部职责

（1）负责设计管理工作，确保项目的勘察设计质量等，按时提交所需图纸和设计技术要求，实时进行设计交底，做好工程设计服务。

（2）根据项目公司的进度计划要求，编制设计总体计划、年度计划、阶段性计划，并负责督促落实。

（3）对项目工程的技术管理和进度计划管理工作向设计经理负责，制定工程勘察设计大纲及工作计划并组织实施，确保设计工作按合同要求组织实施，对设计进度、质量和费用进行有效的管理与控制，并对设计施工方案进行优化工作。

（4）全面复核厂家提供设备及产品是否满足合同及生产需要，并协助工程管理部及监理单位完成相应的整改工作。

（5）审核设计变更、工程联系单及现场签证，审核工程进度。

（6）巡查工程质量，对不按图纸、规范、合同条款的施工提出整改，并监督整改措施落实情况。

（7）审核施工组织方案及工艺技术要求、设计变更单，协调各专业间施工图配合问题，组织编制和审核重大变更的技术方案。

（8）协助工程管理部完成工程的施工技术方案的制订、优化和实施，协助制定重大技术决策、施工方案，并对所有技术方案实施情况进行落实。

（9）负责与设计人员沟通，跟踪项目规划设计意图在设计各阶段的表现和贯彻。

（10）负责科研大纲编写，牵头落实科研子项进度、成果提交等。

（11）参加工程协调会，并积极配合相关部门开展工作。

（12）参加工程验收；按时提交设计工作报告。

（13）接受项目经理安排的其他工作。

2. 工程管理部职责

（1）认真贯彻执行国家的技术政策、上级单位的各项技术管理规定和各级现行标准、技术规范和规程，监督标准、技术规范和规程的执行情况。负责本工程施工需要的技术标准、技术规范和规程的采购申请、废止通知和回收。

（2）负责项目部的施工技术管理工作，在总工程师的领导下，制订项目部的施工技术管理制度和施工技术管理实施细则（含奖罚细则）。

（3）负责组织编制施工组织设计。包括：标段总体施工组织设计，阶段施工组织设计，重要工点施工组织设计，单位工程、分部工程的施工组织设计，专项施工方案和施工技术措施，施工总布置规划、主要临建工程的规划及设计，编制主要临建供材计划等。负责向项目部其他部门、工区提供技术交底、技术指导及技术服务。

（4）负责编制年、季、月度施工进度计划、统计及调度管理。负责编制主要材料需求计划、供图计划及设备配置计划。

（5）参与重大危险源辨识工作，负责制定重大危险源安全应急预案、专项安全技术措施；负责安全技术交底和监督安全技术措施的执行；负责专项质量保证的技术保障措施设计、制定和监督实施。

（6）负责新技术、新工艺、新材料、新设备的采用及推广应用。

（7）负责防汛、度汛计划（措施）的编制和检查落实工作。

（8）负责施工进度工程量的统计，建立对外申报量及设计工程量台账，配合经营管理部进行对外申报工程量和内部结算工作。

（9）负责设计优化管理及变更设计管理，负责设计图纸的内审与外审工作，负责图纸变更、技术变更问题与监理、设计、业主的联系。负责概算中技术方案及工程数量的管理，配合索赔工作。

（10）负责召集、主持总承包项目部技术专题会议。

（11）负责工程测量的归口管理。

（12）参加重大的技术质量事故、安全问题的分析，提出处理意见和缺陷处理方案。

（13）对施工技术措施（方案）的组织、实施过程（资源配置、工法、工序等）进行指导和监督。

3. 质量安全环保部职责

（1）贯彻执行国家安全、质量、环保、节能方面法律法规和上级的文件精神及有关规程、规范和标准，落实总承包项目部的管理制度。

（2）严格按国家、杭州市、公司的有关安全、质量、节能、环保、职业健康方面的管理规定进行作业。

（3）按照设计文件、监理指令、施工规范和技术方案，对施工过程进行控制和检查。

（4）建立总承包项目部安全、质量、环保体系，制定管理制度、措施和计划，并对实施情况进行监督、检查、并适时进行补充、修订。

（5）组织总承包项目部培训、教育、检查考核工作，负责召开安全、质量、节能、环保、职业健康方面工作会议。

（6）负责主要单元工程及隐蔽工程验收一次合格，并监督对原材料和工程产品按规定进行抽检或复检。

（7）建立健全一体化管理体系，并负责一体化管理体系的规范运行和完善。

（8）针对安全、质量、节能、环保、职业健康方面出现问题或者事故严格按照"四不放过"的原则进行调查、分析和处理。

（9）监督配合安全生产应急救援预案的编制及演练工作。

（10）完成领导交办的其他工作。

4. 计划合同部职责

（1）贯彻落实《中华人民共和国民法典》《中华人民共和国建筑法》等国家相关法律法规及公司相关管理制度，全面落实项目部的各项经营管理工作。

（2）建立健全各项合同管理制度。

（3）负责项目部成本管理、合同归口管理工作。

（4）对工程项目经营成本进行预测、计划核算、分析，对经营风险进行评估。

（5）办理各类工程结算。

（6）起草、组织签订各类承包合同，组织合同评审，合同会签等工作。

（7）负责对部门、工区进行合同交底，对协作单位进行合同解释。

（8）建立健全各类经营台账，每月进行内部统计、核算，定期报送各类报表。

（9）组织工程变更、补偿（索赔）的策划和实施，及时上报变更的相关资料及谈判管理。

（10）牵头各部门做好风险内控日常工作。

（11）配合做好各类审计日常工作。

（12）负责落实项目部的经营外部审核、检查等工作。

（13）负责组织实施项目部日常经营管理考核工作。

（14）配合其他部门完成相关工作。

（15）根据项目建设总体组织计划要求，编制项目的年度、季度、月度工程建设计划，在实施中按实际进展进行合理调整，编制工程建设统计报表上报。

（16）参与项目工程内各种合同的谈判、跟踪、办理合同的审核、签订、公证手续和建档管理，并监督合同的执行情况，办理合同付款审核，审核对违约方的罚款或索赔。

（17）对联合体总承包项目部上报完成工程数量进行核查，跟踪办理施工承包合同工程款计量、支付报表的审核，审核变更设计方案中数量和费用的增减，编制项目工程建设决算报表。

（18）汇集、整理合同文件和中间计量审批报表，并归档。

（19）完成领导交办的其他工作。

5．采购管理部职责

（1）负责有关工程建筑材料、机电设备及零配件的采购、运输及保管，按施工计划及时供应施工材料、设备，并负责维修保养现有设备。

（2）负责各种设备采购合同的编制、招投标及管理工作，全面负责设备厂家配合安装调试及试运行工作。

（3）协助施工负责人进行决策，协助工程管理部进行现场机械设备的调配，协助技术管理部对现场厂家设备及人员的协调管理。

（4）负责检查项目部机械设备、危险品、安全技术操作规程和管理使用、维修保养、定期检查等制度，保证管理制度健全。

（5）完成领导交办的其他工作。

6．综合管理部职责

（1）负责项目部日常行政管理工作，负责做好上传下达、内部协调和督办查办的工作。

（2）负责建立健全项目部各项管理制度并督促全体职工严格遵照，并根据执行情况予以修订完善。

（3）负责项目部公文处理；起草综合文电、行政文件、审批印发等文秘工作；负责文件资料登记建档、收发传阅、归类存档等工作；负责办公信息化系统平台的管理运行。

（4）负责筹备和主办项目部各类综合性会议和大型活动，并督促会议决定的落实；协助其他部门组织召开专业会议或举办专题活动。

（5）负责项目部公章使用管理。

（6）负责企业文化建设和项目部的形象宣传工作，收集整理工程建设等有关文字及影像资料，编写简报、大事记等工作。

（7）负责项目部党务、工会、共青团、群众日常工作。

（8）负责后勤保障服务工作；负责职工食堂、员工宿舍、车辆管理、办公生活用品、安全保卫等工作。

（9）贯彻执行国家及浙江省杭州市的政策、法规制度，掌握与本工程相关的施工规范、技术标准和施工工艺。

（10）熟悉国家及浙江省杭州市有关征地拆迁的政策和流程，制定项目部有关征地拆迁工作管理办法和工作实施计划。

（11）制定项目部对外联络工作计划，建立项目部内部对外联络的综合协调机制，妥善处理与地方政府与相关单位的关系。

（12）配合业主及地方各级职能部门做好有关征地、建（构）筑物、管线改迁、绿化迁移、交通疏解的丈量、拆迁、核实工作。

（13）负责收集施工区域及影响范围内的现状调查资料。

（14）本着节约原则，妥善处理各种赔偿或补偿事宜，维护项目部利益。

（15）办理或配合归口部门办理各项施工许可。

（16）开展社会维稳及治安工作，保障无障碍施工。

（17）完成领导交办的其他工作。

5.9.3 项目管理计划策划

策划讨论确定的项目管理计划一级、二级目录如下：

1 项目概况
  1.1 工程范围
  1.2 工作内容
  1.3 合同价格
  1.4 工期约定
  1.5 支付条件
  1.6 项目干系人
2 项目实施重难点及对策
3 项目管理目标
  3.1 进度控制目标
  3.2 技术管理目标
  3.3 质量管理目标
  3.4 安全管理目标

3.5　费用管理目标

3.6　环境保护目标

4　项目实施条件分析

　4.1　技术方面

　4.2　商务方面

　4.3　环境方面

5　项目的管理模式、组织机构和职责分工

　5.1　项目管理模式

　5.2　组织机构

　5.3　职责分工

6　项目实施的基本原则

　6.1　设计

　6.2　采购

　6.3　施工

7　项目协调程序

　7.1　协调层级

　7.2　协调范围

　7.3　协调分工

　7.4　协调方式

　7.5　协调内容

8　项目的资源配置计划

9　项目风险分析与对策

10　合同管理

　10.1　总承包合同管理

　10.2　分包合同管理

11　项目税费筹划

　11.1　建设期

　11.2　运营期

5.9.4　项目实施计划策划

策划讨论确定的项目实施计划一级、二级目录如下：

1　概述

　1.1　编制依据

　1.2　项目简介

　1.3　项目范围和内容

　1.4　项目建设目标和功能

　1.5　项目定位及战略要求

　1.6　项目特点

第6章 项目管理技术文件体系策划

6.1 项目管理技术文件体系的含义

《项目管理知识体系指南》（PMBOK 指南；第六版）对工程总承包项目管理提供了详尽的指南和建议，系统地提出将管理活动划分为项目整合管理、项目范围管理、项目进度管理、项目成本管理、项目质量管理、项目资源管理、项目沟通管理、项目风险管理、项目采购管理、项目相关方管理等十大领域，构建了项目管理跨度、广度边界。

《建设项目工程总承包管理规范》（GB/T 50358—2017）在吸收《项目管理知识体系指南》的思路和脉络，结合国际通行的工程总承包模式下 FIDIC 合同条件对合同双方的责任、义务的分配为基础，提出了具有中国特色的工程总承包管理规范，以自营模式为主（设计、施工均由工程总承包方直接负责），规范了工程总承包项目管理的行为和活动。

工程总承包项目在履约过程中会形成大量的管理文件、技术文件以及过程资料，通过对项目管理全过程活动形成的各类文件自上而下地梳理，将其中的管理技术文件单独分类，包括工程总承包层面的管理技术文件和施工总承包层面的管理技术文件，以及为之支撑的技术文件和执行过程中细化的各类技术文件，建立一个文件体系，用以指导项目管理人员更好地理解规范要求，明确管理主体和活动内容，区分技术文件的管理层次、控制范围，构建分层次的项目管理文件清单，提高建设项目工程总承包管理水平，促进建设项目工程总承包管理的规范化。

6.2 建立项目管理技术文件体系的依据

6.2.1 法律法规

国家的法律法规和政策性文件对工程总承包商应承担的责任和义务作了原则性规定，其中《房屋建筑和市政基础设施项目工程总承包管理办法》明确提出工程总承包商对工程的质量、安全、工期和造价等全面负责。

6.2.2 规程规范

《建设项目工程总承包管理规范》（GB/T 50358—2017）是近几十年来我国对工程总承包实践的结晶，是工程总承包管理研究的积累，是工程总承包项目管理知识、技术、方法和经验的总结，规范对工程总承包管理的组织、项目策划、项目设计管理、项目采购管理、项目施工管理、项目试运行管理、项目风险管理、项目进度管理、项目质量管理、项目费用管理、项目安全、职业健康与环境管理、项目资源管理、项目沟通管理与信息管理、项目合同管理、项目收尾等各个方面作了详细的规定。

《建设工程项目管理规范》（GB/T 50326—2017）运用系统的理论和方法，以建设"五方主体"（建设、勘测、设计、施工、监理）为对象，为完成依法立项的新建、扩建、改建工程而进行的、有起止日期的、达到规定要求的一组相互关联的受控活动，包括策划、勘察、设计、采购、施工、试运行、竣工验收和考核评价等阶段的计划、组织、指挥、协调和控制等专业化活动为切入点，从项目管理责任制度、项目管理策划、采购与投标管理、合同管理、设计与技术管理、进度管理、质量管理、成本管理、安全生产管理、绿色建造与环境管理、资源管理、信息与知识管理、沟通管理、风险管理、收尾管理、绩效评价管理等各个维度作出全面的原则性的规定，确定各自的项目管理责任。

规范确立了项目范围管理、项目管理流程、项目管理制度、项目系统管理、项目相关方管理和项目持续改进等六大管理特征作为项目建设全过程的重要特点，规范管理活动。

6.2.3 工程总承包合同

项目管理技术文件体系的建立应符合工程总承包合同的约定，技术文件的范围应与合同范围、工作内容保持一致；管理活动主体应与合同履约形式保持一致，即总分包模式和联合体模式下技术文件体系管理活动主体是有区别的；技术文件的审批权限应符合合同条款的约定，合同条款中约定必须报经监理或项目业主审批的文件在编制技术文件体系时应予以考虑。

6.3 构建技术文件体系的经过

6.3.1 项目管理体系的重要组成

工程总承包项目履约是在公司综合管理体系的指导下，在"全过程、全要素、全方位"的管理理念的基础上，构建工程项目管理体系，从工程项目的启动、策划到竣工验收阶段，对其中的每个环节和阶段都进行认真的预测、分析，并全面执行制定的措施，以期实现各项管理目标。

技术文件体系是工程项目管理体系的重要组成，详细规定了各项目标实现的途径、方法、措施，建立从顶层的纲领性文件到基层的操作性表单，实现工程项目管理的规范化、标准化。

6.3.2 项目技术管理的总体策划、控制

构建项目技术文件体系，对项目技术管理在启动策划阶段进行总体策划，确定技术文件清单，指导项目履约过程及时编制技术文件，更好地实施精准履约。

根据技术文件体系确定的发布范围、审批权限，指导履约过程中项目管理人员对文件的控制。

根据技术文件体系确定的技术文件编制责任主体，提醒项目管理人员管控技术文件的编制进程。

6.3.3 创建项目管理活动成果清单

通过构建项目管理技术文件体系，建立项目管理活动成果清单，用以指导项目管理人员在各阶段、各专业领域中需要生产管理活动成果和输出文件，保证项目管理活动的留痕和可追溯。

项目管理活动成果清单的创建可以结合院图档中心对项目资料归档的要求，以对内归档要求指导管理活动成果归类，减少不必要的管理重复活动。

6.3.4 创建项目管理文件归档清单

对于房屋建筑工程和市政工程的《建设工程文件归档整理规范》（GB/T 50328—2014）（2019 年版），对于电力、水利、交通运输带有行业主管部门的项目的《建设项目档案管理规范》（DA/T 28—2018），是基于传统建设模式下，为建设五方责任主体整理归档文件，实施档案管理而编制的，GB/T 50328—2014（2019 年版）附录 A 和附录 B、DA/T 28—2018 附录 B 对文件归档范围作了明确的规定，但其中没有涉及工程总承包模式，缺少工程总承包方这一责任主体的文件归档范围，通过构建项目管理技术文件体系，为项目归档整理确定文件范围提供了指引。

6.4 项目管理技术文件体系总体框架

依据《建设项目工程总承包管理规范》（GB/T 50358—2017）的要求，构建项目管理技术文件体系总体框架，包括顶层设计、单项管理计划、单项管理计划支撑文件、项目施工总体计划、项目施工单项计划、项目施工作业指导书等六个层次。项目管理技术文件体系结构示意如图 6-1 所示。

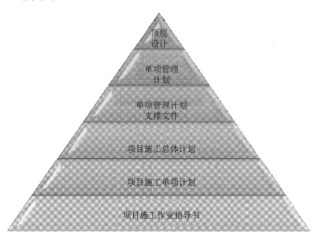

图 6-1 项目管理技术文件体系结构示意图

一般情况下，第一层文件为公司主导和项目主导；第二层、第三层文件由项目部主导，是项目管理的各个着力点；第四层、第五层、第六层文件是项目部对施工承包商的管理行为，其编制的主体是施工承包商，但项目部应承担审核、批复的职责，也是项目部对施工管理的依据。项目部督促施工承包商及时编制上报相应的文件。对于联合体模式，第四层、第五层、第六层文件的编写责任也在联合体，联合体责任方或牵头方负有督促的职责。

6.5 项目管理技术文件体系策划组织

6.5.1 项目管理技术文件体系

项目经理应在履约策划准备阶段，安排人员梳理项目管理技术文件体系，在六个层次文件框架下构建针对项目的技术文件体系，体系的示例见表6-1。

表6-1　　　　　　　工程总承包项目管理技术文件体系示例

层级	层名称	文件名称	编制流程								发布范围
			业主/监理	公司	项目控制部	工程总承包项目部			分包商		
						项目经理	副经理	专业工程师	项目部	公司	
一	顶层设计	履约策划会议纪要		批准	审查	编写					内控
		项目责任书									内控
		项目管理计划		批准	审查	编写、校核	编写				内控
		项目实施计划	批准	批准	审查	编写、校核	编写				对项目公开
二	单项管理计划	工程设计管理计划				审查	校核	编写			内控
		项目采购管理计划				审查	校核	编写			内控
		项目质量计划		批准	审查	审查	校核	编写			对项目公开
		项目进度计划		批准	审查	审查	校核	编写			对项目公开
		项目费用计划		批准	审查	审查	校核	编写			内控
		风险管理计划		批准	审查	审查	校核	编写			内控
		项目安全管理计划		批准	审查	审查	校核	编写			对项目公开，可以合并编写
		项目职业健康管理计划		批准	审查	审查	校核	编写			
		项目环境保护计划		批准	审查	审查	校核	编写			
		人力资源需求、使用和培训计划				审查	校核	编写			内控
		设备、材料控制计划				审查	校核	编写			对项目公开
		机具需求和使用计划				审查	校核	编写			对项目公开
		资金管理目标和计划		批准	审查	审查	校核	编写			内控
		沟通管理计划				审查	校核	编写			内控
		信息管理计划				审查	校核	编写			内控
		分包管理计划		批准	审查	审查	校核	编写			内控
		设计执行计划				审查	校核	编写			内控
		采购执行计划		批准	审查	审查	校核	编写			内控
		施工执行计划				审查	校核	编写			对项目公开
		试运行执行计划				审查	校核	编写			对项目公开
三	单项管理计划支撑文件	质量检验与试验计划				审查	校核	编写			对项目公开
		质量验收单元划分				审查	校核	编写			对项目公开
		工作分解结构（WBS）				审查	校核	编写			对项目公开

续表

层级	层名称	文件名称	业主/监理	公司	项目控制部	项目经理	副经理	专业工程师	项目部	公司	发布范围
						工程总承包项目部			分包商		
三	单项管理计划支撑文件	技术规范或要求				审查	校核	编写			对项目公开
		施工进度计划				批准			编写	批准	对项目公开
		施工分包费用支付计划	批准		审查	审查	校核	编写			内控
		施工质量计划				批准			编写	批准	对项目公开
		施工安全计划				批准			编写		对项目公开
		试运行方案				批准			编写		对项目公开
四	项目施工计划	施工组织设计	批准			批准			编写	批准	对项目公开
五	单项施工计划	单项施工措施（方案）	批准			批准			编写	批准	对项目公开
		专项方案	批准			批准			编写	批准	对项目公开
六	作业指导书	内容省略				批准			编写		对项目公开

第二层次的单项管理计划可根据项目规模、复杂程度有选择性的编制，其中质量计划、采购计划、HSE计划（HSE实施方案）、进度计划必须单独编制，设计管理计划、采购管理计划、风险管理计划、人力资源计划、沟通管理计划（相关方管理计划）、信息管理计划建议单独编制，其他单项管理计划可视需要单独编制，或者与项目实施计划合并编制。

其他因公司管理的需要或项目特定管理目标的需要，如高新管理规划、创优规划等可在履约策划的其他模块或后续的专项策划中再进一步策划。

第三层次的支撑性文件结合第二层次文件的编写进行拟定，对于预计在编制第二层次文件时已经具备条件编制，但可以单独成篇的，或者尚无具体条件，无法在第二层次文件编写时完成的，则宜考虑单独编写支撑性文件，留待下一步深化，对于较为简单的支撑性文件可以直接编入第二层次文件中。

第五层次的文件需根据履约策划时已经具备的施工图纸或前一阶段的图纸，梳理各单项工程，列出单项施工措施（方案）清单，尤其是涉及危险性较大的分部分项工程，必须列出安全专项方案。

第六层次的文件可暂时不展开，在履约实施过程中视需要逐步扩充。

6.5.2 项目管理成果文件

在合同履约过程中，项目部依据《建设项目工程总承包管理规范》（GB/T 50358—2017）和院、公司有关工程总承包项目管理的有关要求，形成相应的管理成果文件，包括各类纪要、文件、函、通知、联系单、计划、报告、记录、总结、考核、评价等，项目经理应安排文控管理工程师，熟悉工程总承包项目管理成果文件清单，结合院图档中心发布的文控管理相关制度、办法，编制项目的文件分类目录，构建项目文件归档结构。工程总承包项目管理成果文件清单示例见表6-2。

表6-2　　　　　　　　　　工程总承包项目管理成果文件清单示例

序号	过程	编号	管理成果文件
一	启动/策划	1.1	企业策划会议纪要
		1.2	项目部成立文件
		1.3	项目班子任命文件
		1.4	项目总体策划会议纪要
		1.5	项目管理目标责任书
		1.6	项目管理计划
		1.7	项目合同分解
		1.8	项目实施计划
		1.9	项目质量计划
		1.10	项目进度计划
		1.11	项目费用计划
		1.12	风险管理计划
		1.13	项目安全管理计划
		1.14	项目职业健康管理计划
		1.15	项目环境保护计划
		1.16	资金管理目标和计划
		1.17	沟通管理计划
		1.18	信息管理计划
二	项目部综合管理	2.1	项目部组织架构设置
		2.2	人员配置
		2.3	人力资源需求、使用和培训计划
		2.4	项目部管理制度
		2.5	年度工作计划
		2.6	月管理例会纪要
		2.7	内部培训记录
		2.8	年度培训总结
		2.9	年度工作总结
		2.10	年度绩效考核
三	设计管理	3.1	工程设计管理计划
		3.2	设计总体策划
		3.3	设计执行计划
		3.4	设计专业策划

续表

序号	过程	编号	管理成果文件
三	设计管理	3.5	设计成果评审
		3.6	设计执行报告
		3.7	设计现场服务计划
		3.8	设计交底或培训
		3.9	设计变更台账
		3.10	采购、施工配合
		3.11	设计收尾
		3.12	设计考核
		3.13	设计完工报告
四	采购管理	4.1	项目采购管理计划
		4.2	项目采购执行计划
		4.3	采购方案
		4.4	采买文件
		4.5	采买
		4.6	催交、检验
		4.7	运输、交付
		4.8	仓储
五	分包管理	5.1	项目分包计划
		5.2	分包方案
		5.3	要约邀请
		5.4	潜在分包商选择
		5.5	合同签订
六	施工管理	6.1	施工执行计划
		6.2	施工进度计划
		6.3	施工进展报告
		6.4	施工分包费用支付计划
		6.5	施工分包费用执行情况评估报告
		6.6	施工质量计划
		6.7	施工组织设计审查
		6.8	专项施工方案审查
		6.9	特殊过程和关键工序质量控制
		6.10	供货质量复验
		6.11	不合格品处置监督
		6.12	施工机械、装备、设施、工具和器具的有效性和安全性检查
		6.13	持证上岗人员的检查

续表

序号	过程	编号	管理成果文件
六	施工管理	6.14	质量控制绩效分析与评价
		6.15	质量记录与竣工文件评审
		6.16	质量事故处理
		6.17	施工安全策划
		6.18	施工安全计划
		6.19	现场安全检查
		6.20	安全例会纪要
		6.21	隐患排查治理
		6.22	危险源识别、风险评价、应对措施
		6.23	施工技术管理计划
		6.24	资源供应计划
七	风险管理	7.1	风险管理计划
		7.2	风险清单
		7.3	风险评估
		7.4	风险应对措施或专项方案
		7.5	重大风险应急预案
		7.6	动态跟踪与监控
		7.7	效果评估、持续改进
八	进度管理	8.1	项目进度计划
		8.2	工作分解
		8.3	各分项进度计划
		8.4	检查、比较、分析、纠偏
		8.5	项目进度执行报告
		8.6	接口监控
九	质量管理	9.1	项目质量计划
		9.2	从资源投入到工程交付的全过程管理与控制
		9.3	接口的重点控制
		9.4	项目质量执行报告
		9.5	质量分析会，整改措施
十	费用管理	10.1	项目费用管理系统
		10.2	项目不同阶段的费用估算
		10.3	项目费用计划
		10.4	检查、比较、分析、纠偏
		10.5	费用变更管理
		10.6	项目费用执行报告

续表

序号	过程	编号	管理成果文件
十一	HSE 管理	11.1	安全管理计划
		11.2	提供资源
		11.3	交底与培训
		11.4	监视与测量
		11.5	设计本质安全
		11.6	设备、材料、防护用品安全控制
		11.7	现场活动安全控制
		11.8	安全检查
		11.9	申报安全施工措施
		11.10	隐患排查治理
		11.11	应急体系
		11.12	职业健康管理计划
		11.13	提供职业健康资源
		11.14	职业健康培训
		11.15	职业健康监视与测量
		11.16	日常检查
		11.17	环境保护计划
		11.18	提供环境保护资源
		11.19	环境保护培训
		11.20	环境保护监视与测量
		11.21	控制作业环境
		11.22	日常检查
十二	资源管理	12.1	设备、材料控制计划
		12.2	入场检验
		12.3	仓储管理
		12.4	出入库管理
		12.5	不合格品管理
		12.6	甲供材料设备控制
		12.7	机具需求和使用计划
		12.8	机具的检验和登记
		12.9	报验
		12.10	机具调配
		12.11	特种人员管理
		12.12	技术资源、技术活动的计划、组织、协调和控制
		12.13	知识产权管理

续表

序号	过程	编号	管理成果文件
十二	资源管理	12.14	资金管理目标和计划
		12.15	项目资金管理规定
		12.16	税费筹划和管理
		12.17	资金流动计划
		12.18	财务用款计划
		12.19	工程款结算报告
		12.20	资金风险管理
		12.21	项目财务报表
		12.22	项目成本和经济效益分析报告
十三	沟通与信息管理	13.1	沟通与信息管理系统
		13.2	沟通管理计划
		13.3	项目干系人清单
		13.4	沟通记录
		13.5	信息管理计划
		13.6	文件资料管理
十四	合同管理	14.1	合同确认
		14.2	合同分解
		14.3	履约检查，管理月报
		14.4	管理绩效评价
		14.5	年度履约报告
		14.6	合同变更管理
		14.7	合同争议管理
		14.8	违约管理
		14.9	合同索赔管理
十五	分包合同管理	15.1	分包合同台账
		15.2	分包履约管理
		15.3	合同变更管理
		15.4	合同争议管理
		15.5	违约管理
		15.6	合同索赔管理
十六	试运行管理	16.1	试运行执行计划
		16.2	试运行方案
		16.3	试运行报告
		16.4	完工验收
		16.5	项目交付

续表

序号	过程	编号	管理成果文件
十七	项目收尾	17.1	工程收尾
		17.2	竣工验收
		17.3	项目结算报告
		17.4	项目总结报告
		17.5	项目完工报告
		17.6	项目复盘报告
		17.7	资料归档
		17.8	剩余物资处理
		17.9	考核与审计
		17.10	供应商后评价

6.5.3 技术文件体系策划组织

履约策划会议时，项目经理汇报初步构建的技术文件体系，重点阐述单项管理计划清单确定的依据、思路，以及单项管理计划支撑性计划的梳理情况。

策划会议参与人员对项目部初步构建的技术文件体系进行评审，确认单项管理计划的编制清单，确认支撑性计划的编制原则，完善单项施工措施（方案），为项目部后续管理活动的开展提供依据。

6.6 项目管理技术文件体系应用实践

2018年10月29日，在亚运场馆及北支江综合整治工程总承包项目部召开EPC总承包项目深化总体策划会，对项目部拟订的管理技术文件体系表进行了评审，初步确认项目技术文件体系如表6-3所示，项目部在履约过程中不断补充、完善、拓展技术文件体系。

表6-3　　　　　　北支江工程总承包项目管理技术文件体系表

分级	项目管理技术文件			责任人或责任单位				计划完成日期	备注
	序号	类别	文件名称	编写	校核	审查	批准		
1. 顶层设计文件	1	企业策划	企业策划会议纪要	控制部	公司		公司	2017年11月30日	
	2	项目策划	项目总体策划会议纪要	控制部	公司		公司	2017年11月30日	
	3	总体管理	项目管理计划	控制部	公司		公司	2017年11月30日	
	4	实施管理	项目实施计划（项目实施规划）	控制部	公司		公司、集团、项目公司	2017年11月30日	
2. 单项管理计划、管理制度、办法	5	设计管理	设计执行计划				—	2017年9月	
	6		设计管理制度				—	2017年9月	
	7		设计考核制度				—	2017年9月	
	8		设计变更程序				—	2017年9月	
	9		设计优化程序				—	2017年9月	

续表

分级	项目管理技术文件			责任人或责任单位				计划完成日期	备注
	序号	类别	文件名称	编写	校核	审查	批准		
2. 单项管理计划、管理制度、办法	10	采购管理	项目采购管理计划				—	2017年9月	
	11		采购执行计划				公司	2017年11月	
	12	施工管理	施工执行计划				—	2017年11月	
	13	试运行管理	试运行执行计划				—	2020年6月	
	14	风险管理	风险管理计划				—	2017年7月	
	15	进度管理	项目进度计划				公司	2017年7月	
	16	质量管理	项目质量计划				公司	2017年8月	
	17	费用管理	施工图预算编制细则				公司、经济中心	2017年9月	
	18		项目费用成本测算				公司、经济中心	2017年11月	
	19		分标方案费用估算				公司	2017年11月	
	20		结算管理办法				公司	2017年11月	
	21		设计变更管理办法				公司	2017年11月	
	22		工程签证管理办法				公司	2017年11月	
	23		经济活动分析				公司	2017年11月	
	24		项目费用计划				公司、经济中心	2017年10月	
	25	安全、职业健康与环境管理	项目安全管理计划				公司	2017年12月	合并为HSE管理计划
	26		项目职业健康管理计划				公司	2017年12月	
	27		项目环境保护计划				公司	2017年12月	
	28	资源管理	人力资源需求、使用和培训计划				—	2017年7月	
	29		设备、材料控制计划				—	2019年2月	
	30		机具需求和使用计划				—	2019年2月	
	31		资金管理目标和计划				公司	2017年12月	
	32	沟通与信息管理	沟通管理计划					2017年10月	
	33		信息管理计划					2017年10月	
	34		干系人分析					2017年11月	
	35		档案管理制度					2017年10月	
	36		综合行政管理制度					2017年10月	
	37	合同管理	总承包合同双方主要界面划分					2017年10月	
	38		总承包合同签约合同价组成表					2017年10月	

分级	项目管理技术文件			责任人或责任单位				计划完成日期	备注
	序号	类别	文件名称	编写	校核	审查	批准		
2. 单项管理计划、管理制度、办法	39	合同管理	合同管理计划					2017 年 10 月	
	40		总承包合同分解					2017 年 10 月	
	41		分包合同谈判要点					2017 年 10 月	
	42		科研项目合同实现路径					2017 年 12 月	
	43		PPP 和 EPC 责任划分表					2017 年 10 月	
	44		报批报建事项及施工节点梳理					2017 年 10 月	
	45	项目收尾	竣工验收申请报告					2021 年 5 月	
	46		项目结算报告					2021 年 5 月	
	47		项目总结报告					2021 年 5 月	
	48	科技管理	高新企业科技管理规划					2017 年 12 月 31 日	
	49		达标创优规划					2017 年 12 月 31 日	
3. 单项管理支持文件	50	综合	质量检验与试验计划					2017 年 10 月	
	51	场馆子项	试验检验计划大纲					2017 年 10 月	
	52	上水闸子项	质量验收单位、分部、单元划分					2017 年 10 月	
	53	下水闸子项	质量验收单位、分部、单元划分					2017 年 12 月	
	54	桥梁子项	质量验收单位、分部、单元划分					2017 年 12 月 31 日	
	55	清淤子项	质量验收单位、分部、单元划分					2019 年 2 月 28 日	
	56	景观子项	质量验收单位、分部、单元划分					2019 年 6 月	
	57	综合	工作分解结构（WBS）					2019 年 3 月 31 日	
	58	水利类	规范规程文件（汇总规范）	—	—			2019 年 9 月	
	59	建筑类	规范规程文件（汇总规范）	—	—			2019 年 9 月	
	60	桥梁类	规范规程文件（汇总规范）	—	—			2019 年 9 月	
	61	景观类	规范规程文件（汇总规范）	—	—			2019 年 9 月	
	62	上水闸子项	施工进度计划	分包商	分包商	分包商	项目经理、分包商公司	2019 年 9 月	
	63	下水闸子项	施工进度计划	分包商	分包商	分包商	项目经理、分包商公司	2019 年 11 月	

续表

分级	项目管理技术文件			责任人或责任单位				计划完成日期	备注
	序号	类别	文件名称	编写	校核	审查	批准		
3. 单项管理支持文件	64	场馆子项	施工进度计划	分包商	分包商	分包商	项目经理、分包商公司	2019 年 11 月	
	65	桥梁子项	施工进度计划	分包商	分包商	分包商	项目经理、分包商公司	2017 年 12 月 20 日	
	66	清淤子项	施工进度计划	分包商	分包商	分包商	项目经理、分包商公司	2019 年 2 月 28 日	
	67	景观子项	施工进度计划	分包商	分包商	分包商	项目经理、分包商公司	2021 年 3 月 31 日	
	68	费用管理	施工分包费用支付计划	合同工程师	合同主管领导	项目经理、质控	公司	2017 年 12 月	
	69	标1	施工质量计划	分包商	分包商	分包商	项目经理、分包商公司	2017 年 12 月	
	70	标2	施工质量计划	分包商	分包商	分包商	项目经理、分包商公司	2017 年 12 月 20 日	
	71	标3	施工质量计划大纲	分包商	分包商	分包商	项目经理、分包商公司	2017 年 11 月	
	72	标1	施工安全计划	分包商	分包商	分包商	项目经理	2017 年 1 月	
	73	标2	施工安全计划	分包商	分包商	分包商	项目经理	2019 年 2 月 28 日	
	74	标3	施工安全计划大纲	分包商	分包商	分包商	项目经理	2017 年 9 月	
	75	标1	试运行方案	分包商	分包商	分包商	项目经理	2020 年 12 月	
4. 项目施工总体计划	76	上水闸子项	施工组织设计	分包商	分包商	分包商	项目经理、分包商公司	2017 年 10 月 30 日	
	77	下水闸子项	施工组织设计	分包商	分包商	分包商	项目经理、分包商公司	2017 年 11 月 30 日	
	78	场馆子项	施工组织设计大纲	分包商	分包商	分包商	项目经理、分包商公司	2019 年 1 月	
	79	桥梁子项	施工组织设计	分包商	分包商	分包商	项目经理、分包商公司	2019 年 12 月 20 日	
	80	清淤子项	施工组织设计	分包商	分包商	分包商	项目经理、分包商公司	2019 年 2 月 28 日	
	81	景观子项	施工组织设计	分包商	分包商	分包商	项目经理、分包商公司	2019 年 5 月	
5. 专项施工方案	82	上水闸子项	上游水闸、船闸工程左岸基坑围护施工专项方案	分包商	分包商	分包商	子项经理	2017 年 4 月	
	83		上游水闸、船闸工程三轴水泥搅拌桩施工方案	分包商	分包商	分包商	子项经理	2017 年 6 月	
	84		上游水闸、船闸工程左岸基坑围护工程三轴水泥搅拌桩地下清障施工方案	分包商	分包商	分包商	子项经理	2017 年 7 月	

分级	序号	类别	文件名称	编写	校核	审查	批准	计划完成日期	备注
			项目管理技术文件			责任人或责任单位			
5.专项施工方案	85	上水闸子项	上游水闸、船闸工程高压旋喷灌浆施工方案	分包商	分包商	分包商	子项经理	2017年4月	
	86		上游水闸、船闸工程混凝土拌和系统建设方案	分包商	分包商	分包商	子项经理	2017年8月	
	87		上游水闸、船闸工程创建安全，文明施工标化工地专项方案	分包商	分包商	分包商	子项经理	2017年8月	
	88		上游水闸、船闸工程2018年防洪度汛方案	分包商	分包商	分包商	子项经理	2017年5月	
	89		上游水闸、船闸工程2018年防洪度汛应急预案	分包商	分包商	分包商	子项经理	2017年5月	
	90		应急预案9项（安全方面）	分包商	分包商	分包商	子项经理	2017年7月	
	91		上游水闸、船闸工程的施工用电专项方案	分包商	分包商	分包商	子项经理	2017年6月	
	92		上游水闸、船闸工程三轴水泥搅拌桩施工总结	主管工程师	主管工程师	子项经理	项目总工	2017年9月	
	93		上游水闸、船闸工程高压旋喷灌浆施工总结	主管工程师	主管工程师	子项经理	项目总工	2017年1月	
	94		临时用电专项方案	分包商	分包商	分包商	子项经理	2017年11月	
	95		冬雨季施工专项方案	分包商	分包商	分包商	子项经理	2017年12月	
	96		基坑降水专项方案	分包商	分包商	分包商	子项经理	2017年12月	
	97		水闸、船闸基础处理专项方案	分包商	分包商	分包商	子项经理	2017年12月	
	98		土方工程开挖回填专项施工方案	分包商	分包商	分包商	子项经理	2017年12月	
	99		混凝土工程施工方案	分包商	分包商	分包商	子项经理	2017年12月	
	100		大体积混凝土温控专项方案	分包商	分包商	分包商	子项经理	2017年12月	
	101		金属结构安装专项方案	分包商	分包商	分包商	子项经理	2019年9月	
	102		机电工程施工专项方案	分包商	分包商	分包商	子项经理	2019年9月	
	103		淤泥处置专项方案	分包商	分包商	分包商	子项经理	2017年11月	
	104		管理房主体工程、建筑、装修及基础专项方案	分包商	分包商	分包商	子项经理	2020年4月	
	105		上游水闸、船闸工程防渗体施工专项方案	分包商	分包商	分包商	子项经理	2019年12月	
	106		上游水闸、船闸工程闸门吊装施工专项方案	分包商	分包商	分包商	子项经理	2019年12月	

续表

分级	项目管理技术文件			责任人或责任单位				计划完成日期	备注
	序号	类别	文件名称	编写	校核	审查	批准		
5. 专项施工方案	107	下水闸子项	下游水闸、船闸工程基坑围护施工专项方案	分包商	分包商	分包商	子项经理	2017 年 11 月	
	108		下游水闸、船闸工程施工导流方案	分包商	分包商	分包商	子项经理	2017 年 11 月	
	109		下游水闸、船闸工程吹填围堰施工方案	分包商	分包商	分包商	子项经理	2017 年 11 月	
	110		下游水闸、船闸工程导流明渠施工方案	分包商	分包商	分包商	子项经理	2017 年 11 月	
	111		下游水闸、船闸工程三轴水泥搅拌桩施工方案	分包商	分包商	分包商	子项经理	2017 年 12 月	
	112		下游水闸、船闸工程钻孔灌注桩施工方案	分包商	分包商	分包商	子项经理	2017 年 12 月	
	113		下游水闸、船闸工程钢板桩施工方案	分包商	分包商	分包商	子项经理	2019 年 5 月	
	114		下游水闸、船闸工程施工期基坑监测方案	分包商	分包商	分包商	子项经理	2019 年 5 月	
	115		下游水闸、船闸工程施工测量方案	分包商	分包商	分包商	子项经理	2017 年 12 月	
	116		下游水闸、船闸工程混凝土拌合系统建设方案	分包商	分包商	分包商	子项经理	2017 年 12 月	
	117		下游水闸、船闸工程创建安全，文明施工标化工地专项方案	分包商	分包商	分包商	子项经理	2017 年 12 月	
	118		下游水闸、船闸工程 2019 年防洪度汛方案	分包商	分包商	分包商	子项经理	2017 年 12 月	
	119		下游水闸、船闸工程 2019 年防洪度汛应急预案	分包商	分包商	分包商	子项经理	2017 年 12 月	
	120		应急预案 9 项（安全方面）	分包商	分包商	分包商	子项经理	2017 年 12 月	
	121		下游水闸、船闸工程的施工用电专项方案	分包商	分包商	分包商	子项经理	2017 年 11 月	
	122		下游水闸、船闸工程临时用电专项方案	分包商	分包商	分包商	子项经理	2017 年 11 月	
	123		下游水闸、船闸工程冬雨季施工专项方案	分包商	分包商	分包商	子项经理	2017 年 11 月	
	124		下游水闸、船闸工程基坑降水专项方案	分包商	分包商	分包商	子项经理	2017 年 11 月	
	125		下游水闸、船闸工程水闸、船闸基础处理专项方案	分包商	分包商	分包商	子项经理	2017 年 11 月	

分级	序号	类别	文件名称	编写	校核	审查	批准	计划完成日期	备注
			项目管理技术文件			责任人或责任单位			
5. 专项施工方案	126	下水闸子项	下游水闸、船闸工程土方工程开挖回填专项施工方案	分包商	分包商	分包商	子项经理	2019 年 5 月	
	127		下游水闸、船闸工程混凝土工程施工方案	分包商	分包商	分包商	子项经理	2019 年 5 月	
	128		下游水闸、船闸工程大体积混凝土温控专项方案	分包商	分包商	分包商	子项经理	2019 年 5 月	
	129		下游水闸、船闸工程金属结构安装专项方案	分包商	分包商	分包商	子项经理	2020 年 1 月	
	130		下游水闸、船闸工程机电工程施工专项方案	分包商	分包商	分包商	子项经理	2020 年 1 月	
	131		下游管理房主体工程、建筑、装修及基础专项方案	分包商	分包商	分包商	子项经理	2020 年 4 月	
	132		下游水闸、船闸工程原材料检测方案	分包商	分包商	分包商	子项经理	2017 年 12 月	
	133		下游水闸、船闸工程试运行方案	分包商	分包商	分包商	子项经理	2020 年 9 月	
	134		下游水闸、船闸工程防渗体施工专项方案	分包商	分包商	分包商	子项经理	2017 年 11 月	
	135	场馆子项	土方开挖施工方案	分包商	分包商	分包商	子项经理	2017 年 12 月 31 日	
	136		边坡支护方案	分包商	分包商	分包商	子项经理	2017 年 12 月 31 日	
	137		塔吊基础方案	分包商	分包商	分包商	子项经理	2017 年 12 月 31 日	
	138		塔吊安拆方案	分包商	分包商	分包商	子项经理	2017 年 12 月 31 日	
	139		群塔运行方案	分包商	分包商	分包商	子项经理	2017 年 12 月 31 日	
	140		临水方案	分包商	分包商	分包商	子项经理	2017 年 12 月 31 日	
	141		临电方案	分包商	分包商	分包商	子项经理	2017 年 12 月 31 日	
	142		混凝土工程施工方案	分包商	分包商	分包商	子项经理	2017 年 12 月 31 日	
	143		钢筋工程施工方案	分包商	分包商	分包商	子项经理	2017 年 12 月 31 日	
	144		模板工程施工方案	分包商	分包商	分包商	子项经理	2017 年 12 月 31 日	
	145		脚手架工程施工方案	分包商	分包商	分包商	子项经理	2017 年 12 月 31 日	
	146		测量工程施工方案	分包商	分包商	分包商	子项经理	2017 年 12 月 31 日	
	147		水电安装方案	分包商	分包商	分包商	子项经理	2017 年 12 月 31 日	
	148		防水工程施工方案	分包商	分包商	分包商	子项经理	2017 年 12 月 31 日	
	149		扬尘治理专项施工方案	分包商	分包商	分包商	子项经理	2017 年 12 月 31 日	

续表

分级	项目管理技术文件			责任人或责任单位				计划完成日期	备注
	序号	类别	文件名称	编写	校核	审查	批准		
5. 专项施工方案	150	场馆子项	施工现场消防管理方案	分包商	分包商	分包商	子项经理	2017 年 12 月 31 日	
	151		高支模专家论证施工方案	分包商	分包商	分包商	子项经理	2017 年 12 月 31 日	
	152		二次结构施工方案	分包商	分包商	分包商	子项经理	2017 年 12 月 31 日	
	153		屋面工程施工方案	分包商	分包商	分包商	子项经理	2017 年 12 月 31 日	
	154		室内装饰装修施工方案	分包商	分包商	分包商	子项经理	2017 年 12 月 31 日	
	155		外窗工程施工方案	分包商	分包商	分包商	子项经理	2017 年 12 月 31 日	
	156		外墙外保温工程施工方案	分包商	分包商	分包商	子项经理	2017 年 12 月 31 日	
	157	桥梁子项	临时用电专项施工方案	分包商	分包商	分包商	子项经理	2017 年 12 月 20 日	
	158		深基坑支护专项施工方案	分包商	分包商	分包商	子项经理	2017 年 12 月 20 日	
	159		基坑开挖专项方案	分包商	分包商	分包商	子项经理	2017 年 12 月 20 日	
	160		钢栈桥及水中钻孔平台专项施工方案	分包商	分包商	分包商	子项经理	2017 年 12 月 20 日	
	161		钻孔灌注桩专项施工方案	分包商	分包商	分包商	子项经理	2019 年 2 月 20 日	
	162		水中承台专项施工方案	分包商	分包商	分包商	子项经理	2019 年 7 月 30 日	
	163		墩台、盖梁专项施工方案	分包商	分包商	分包商	子项经理	2019 年 10 月 15 日	
	164		钢箱梁吊装专项施工方案	分包商	分包商	分包商	子项经理	2019 年 10 月 15 日	
	165		拱肋吊装专项施工方案	分包商	分包商	分包商	子项经理	2019 年 12 月 30 日	
	166		拱肋混凝土浇筑专项施工方案	分包商	分包商	分包商	子项经理	2019 年 12 月 30 日	
	167	清淤子项	抓斗式挖泥船专项施工方案	分包商	分包商	分包商	子项经理	2017 年 12 月 31 日	
	168		绞吸式挖泥船专项施工方案	分包商	分包商	分包商	子项经理	2017 年 12 月 31 日	
	169		泥驳底泥输送专项施工方案	分包商	分包商	分包商	子项经理	2017 年 12 月 31 日	
	170		管道底泥输送专项施工方案	分包商	分包商	分包商	子项经理	2017 年 12 月 31 日	
	171		底泥晾晒专项施工方案	分包商	分包商	分包商	子项经理	2017 年 12 月 31 日	
	172		底泥板框压滤专项施工方案	分包商	分包商	分包商	子项经理	2017 年 12 月 31 日	
	173		余水处置专项施工方案	分包商	分包商	分包商	子项经理	2017 年 12 月 31 日	

分级	项目管理技术文件			责任人或责任单位				计划完成日期	备注
	序号	类别	文件名称	编写	校核	审查	批准		
5. 专项施工方案	174	景观子项	场地平整及改造施工方案	分包商	分包商	分包商	子项经理	2017 年 3 月 15 日	
	175		河道岸坡专项施工方案	分包商	分包商	分包商	子项经理	2017 年 3 月 15 日	
	176		景观附属工程专项施工方案	分包商	分包商	分包商	子项经理	2017 年 3 月 15 日	
	177		绿化土壤改良施工方案	分包商	分包商	分包商	子项经理	2017 年 3 月 15 日	
	178		景观喷灌系统施工方案	分包商	分包商	分包商	子项经理	2017 年 3 月 15 日	
	179		苗木养护施工方案	分包商	分包商	分包商	子项经理	2017 年 5 月	
	180		观景道路及广场施工方案	分包商	分包商	分包商	子项经理	2017 年 3 月 15 日	
	181		渗排系统施工方案	分包商	分包商	分包商	子项经理	2017 年 3 月 15 日	
	182		扬尘治理专项施工方案	分包商	分包商	分包商	子项经理	2017 年 3 月 15 日	
	183		景观照明施工方案	分包商	分包商	分包商	子项经理	2017 年 1 月	
6. 作业指导书	184	场馆子项	土方开挖作业指导书	分包商	分包商	分包商	子项经理	2017 年 12 月 31 日	
	185		边坡支护作业指导书	分包商	分包商	分包商	子项经理	2017 年 12 月 31 日	
	186		塔吊安拆作业指导书	分包商	分包商	分包商	子项经理	2019 年 3 月 1 日	
	187		群塔运行作业指导书	分包商	分包商	分包商	子项经理	2019 年 3 月 1 日	
	188		混凝土浇筑作业指导书	分包商	分包商	分包商	子项经理	2019 年 3 月 1 日	
	189		钢筋制安作业指导书	分包商	分包商	分包商	子项经理	2019 年 3 月 1 日	
	190		模板安拆作业指导书	分包商	分包商	分包商	子项经理	2019 年 3 月 1 日	
	191		脚手架安拆作业指导书	分包商	分包商	分包商	子项经理	2019 年 3 月 1 日	
	192		测量工程作业指导书	分包商	分包商	分包商	子项经理	2019 年 3 月 1 日	
	193		水电安装作业指导书	分包商	分包商	分包商	子项经理	2019 年 3 月 1 日	
	194		防水施工作业指导书	分包商	分包商	分包商	子项经理	2019 年 3 月 1 日	
	195		高支模方案作业指导书	分包商	分包商	分包商	子项经理	2019 年 3 月 1 日	
	196		二次结构砌筑作业指导书	分包商	分包商	分包商	子项经理	2019 年 3 月 1 日	
	197		室内装饰装修作业指导书	分包商	分包商	分包商	子项经理	2019 年 3 月 1 日	
	198		外窗安装作业指导书	分包商	分包商	分包商	子项经理	2019 年 3 月 1 日	
	199		外保温铺贴作业指导书	分包商	分包商	分包商	子项经理	2019 年 3 月 1 日	
	200		外墙涂料粉刷作业指导书	分包商	分包商	分包商	子项经理	2019 年 3 月 1 日	
	201		建筑幕墙安装作业指导书	分包商	分包商	分包商	子项经理	2019 年 3 月 1 日	
	202		室内弱电按照作业指导书	分包商	分包商	分包商	子项经理	2019 年 3 月 1 日	

续表

分级	项目管理技术文件			责任人或责任单位				计划完成日期	备注
	序号	类别	文件名称	编写	校核	审查	批准		
6. 作业指导书	203	场馆子项	消防安装作业指导书	分包商	分包商	分包商	子项经理	2019 年 3 月 1 日	
	204		通风空调安装作业指导书	分包商	分包商	分包商	子项经理	2019 年 3 月 1 日	
	205		钢结构安装作业指导书	分包商	分包商	分包商	子项经理	2019 年 3 月 1 日	
	206		土方开挖作业指导书	分包商	分包商	分包商	子项经理	2019 年 3 月 1 日	
	207	桥梁子项	钻孔灌注桩施工作业指导书	分包商	分包商	分包商	子项经理	2019 年 2 月 20 日	
	208		承台施工作业指导书	分包商	分包商	分包商	子项经理	2019 年 10 月 15 日	
	209		系梁施工作业指导书	分包商	分包商	分包商	子项经理	2019 年 12 月 30 日	
	210		立柱施工作业指导书	分包商	分包商	分包商	子项经理	2019 年 12 月 30 日	
	211		桥台施工作业指导书	分包商	分包商	分包商	子项经理	2019 年 7 月 30 日	
	212		支座施工作业指导书	分包商	分包商	分包商	子项经理	2019 年 7 月 30 日	
	213		伸缩缝施工作业指导书	分包商	分包商	分包商	子项经理	2019 年 7 月 30 日	
	214		栏杆作业指导书	分包商	分包商	分包商	子项经理	2020 年 3 月 31 日	
	215		钢箱梁加工施工作业指导书	分包商	分包商	分包商	子项经理	2019 年 10 月 15 日	
	216		钢箱梁运输施工作业指导书	分包商	分包商	分包商	子项经理	2019 年 10 月 15 日	
	217		钢箱梁安装施工作业指导书	分包商	分包商	分包商	子项经理	2019 年 10 月 15 日	
	218		焊接工艺施工作业指导书	分包商	分包商	分包商	子项经理	2019 年 10 月 15 日	
	219		混凝土桥面施工作业指导书	分包商	分包商	分包商	子项经理	2019 年 10 月 15 日	
	220		沥青混凝土铺装施工作业指导书	分包商	分包商	分包商	子项经理	2020 年 3 月 31 日	
	221		钢拱肋加工施工作业指导书	分包商	分包商	分包商	子项经理	2019 年 12 月 30 日	
	222		钢拱肋运输施工作业指导书	分包商	分包商	分包商	子项经理	2019 年 12 月 30 日	
	223		钢拱肋安装施工作业指导书	分包商	分包商	分包商	子项经理	2019 年 12 月 30 日	
	224		钢拱肋混凝土浇筑施工作业指导书	分包商	分包商	分包商	子项经理	2019 年 12 月 30 日	
	225		吊杆施工作业指导书	分包商	分包商	分包商	子项经理	2019 年 12 月 30 日	
	226		路基施工作业指导书	分包商	分包商	分包商	子项经理	2020 年 3 月 31 日	
	227		给水管施工作业指导书	分包商	分包商	分包商	子项经理	2020 年 3 月 31 日	
	228		雨水管施工作业指导书	分包商	分包商	分包商	子项经理	2020 年 3 月 31 日	

续表

分级	项目管理技术文件			责任人或责任单位				计划完成日期	备注
	序号	类别	文件名称	编写	校核	审查	批准		
6. 作业指导书	229	桥梁子项	污水管施工作业指导书	分包商	分包商	分包商	子项经理	2020 年 3 月 31 日	
	230		燃气管施工作业指导书	分包商	分包商	分包商	子项经理	2020 年 3 月 31 日	
	231		通信管施工作业指导书	分包商	分包商	分包商	子项经理	2020 年 3 月 31 日	
	232		电力管施工作业指导书	分包商	分包商	分包商	子项经理	2020 年 3 月 31 日	
	233		水泥稳定碎石基层施工作业指导书	分包商	分包商	分包商	子项经理	2020 年 3 月 31 日	
	234		沥青混凝土面层施工作业指导书	分包商	分包商	分包商	子项经理	2020 年 3 月 31 日	
	235		侧平石施工作业指导书	分包商	分包商	分包商	子项经理	2020 年 3 月 31 日	
	236		人行道施工作业指导书	分包商	分包商	分包商	子项经理	2020 年 5 月 31 日	
	237		桥台回填施工作业指导书	分包商	分包商	分包商	子项经理	2020 年 5 月 31 日	
	238		桥台锥坡施工作业指导书	分包商	分包商	分包商	子项经理	2020 年 5 月 31 日	
	239		交通安全标志标线施工作业指导书	分包商	分包商	分包商	子项经理	2020 年 5 月 31 日	
	240		绿化施工作业指导书	分包商	分包商	分包商	子项经理	2020 年 5 月 31 日	
	241	清淤子项	水上施工安全作业指导书	分包商	分包商	分包商	子项经理	2017 年 12 月 31 日	
	242		抓斗式挖泥船施工作业指导书	分包商	分包商	分包商	子项经理	2017 年 12 月 31 日	
	243		绞吸式挖泥船施工作业指导书	分包商	分包商	分包商	子项经理	2017 年 12 月 31 日	
	244		泥驳底泥输送施工作业指导书	分包商	分包商	分包商	子项经理	2017 年 12 月 31 日	
	245		管道底泥输送施工作业指导书	分包商	分包商	分包商	子项经理	2017 年 12 月 31 日	
	246		底泥晾晒施工作业指导书	分包商	分包商	分包商	子项经理	2017 年 12 月 31 日	
	247		底泥板框压滤施工作业指导书	分包商	分包商	分包商	子项经理	2017 年 12 月 31 日	
	248		余水处置施工作业指导书	分包商	分包商	分包商	子项经理	2017 年 12 月 31 日	
	249		土方开挖施工作业指导书	分包商	分包商	分包商	子项经理	2017 年 12 月 31 日	
	250		碎石垫层施工作业指导书	分包商	分包商	分包商	子项经理	2017 年 12 月 31 日	
	251		砂浆抹面施工作业指导书	分包商	分包商	分包商	子项经理	2017 年 12 月 31 日	

续表

分级	项目管理技术文件			责任人或责任单位				计划完成日期	备注
	序号	类别	文件名称	编写	校核	审查	批准		
6. 作业指导书	252	清淤子项	排水管铺设施工作业指导书	分包商	分包商	分包商	子项经理	2017 年 12 月 31 日	
	253		冲砂管带吹填施工作业指导书	分包商	分包商	分包商	子项经理	2017 年 12 月 31 日	
	254		土工布施工作业指导书	分包商	分包商	分包商	子项经理	2017 年 12 月 31 日	
	255		土地平整施工作业指导书	分包商	分包商	分包商	子项经理	2017 年 12 月 31 日	
	256		开挖渠道土方施工作业指导书	分包商	分包商	分包商	子项经理	2017 年 12 月 31 日	
	257		渠道砌筑施工作业指导书	分包商	分包商	分包商	子项经理	2017 年 12 月 31 日	
	258		砂石、混凝土道路施工作业指导书	分包商	分包商	分包商	子项经理	2017 年 12 月 31 日	
	259		围挡施工作业指导书	分包商	分包商	分包商	子项经理	2017 年 12 月 31 日	
	260		防尘网铺设施工作业指导书	分包商	分包商	分包商	子项经理	2017 年 12 月 31 日	
	261		防雨布铺设施工作业指导书	分包商	分包商	分包商	子项经理	2017 年 12 月 31 日	
	262		土工格栅铺设施工作业指导书	分包商	分包商	分包商	子项经理	2017 年 12 月 31 日	
	263		钢筋笼施工作业指导书	分包商	分包商	分包商	子项经理	2017 年 12 月 31 日	
	264		植草绿化施工作业指导书	分包商	分包商	分包商	子项经理	2017 年 12 月 31 日	
	265	景观子项	土方工程作业指导书	分包商	分包商	分包商	子项经理	2019 年 6 月	
	266		测量工程作业指导书	分包商	分包商	分包商	子项经理	2019 年 6 月	
	267		绿化工程作业指导书	分包商	分包商	分包商	子项经理	2019 年 6 月	
	268		高温反季节种植作业指导书	分包商	分包商	分包商	子项经理	2019 年 6 月	
	269		冬季施工作业指导书	分包商	分包商	分包商	子项经理	2019 年 10 月	

第7章 质量管理策划

7.1 概述

7.1.1 质量管理的概念

根据 ISO 9000：2015 标准的定义，质量管理（quality management）是"关于质量的指挥和控制组织的协调的活动"，它"包括制定质量方针和质量目标，为实现质量目标实施的策划、质量控制、质量保证和质量改进等活动"。

国际标准化组织分布的 ISO 8402 标准，将全面质量管理定义为"一个组织以质量为中心，以全员参与为基础，目的在于通过让顾客满意和本组织所有成员及社会受益而达到长期成功的管理途径"。

工程质量管理是指为保证和提高工程实体质量，运用一整套质量管理体系、手段和方法所进行的系统管理活动。工程实体质量的好与坏，是一个根本性的问题。工程项目建设投资大，建成及使用时期长，只有合乎质量标准，才能投入生产和交付使用，发挥投资效益，满足社会需要。

7.1.2 质量管理的工作程序

任何活动须遵循科学的工作程序，PDCA 循环是质量管理的基本工作程序。PDCA 循环最初由统计质量管理的先驱休哈特提出，戴明在 20 世纪 50 年代将其介绍到日本，故 PDCA 循环也被称为戴明环。PDCA 循环包括四个阶段，即策划（plan）、实施（do）、检查（check）和处置（act），如图 7-1 所示。

PDCA 循环的具体内容如下：

（1）策划阶段（P）：根据顾客的要求和组织的方针，建立体系的目标及其过程，确定实现结果所需的资源，并识别和应对风险和机遇。

（2）实施阶段（D）：执行策划所做出的各项活动。

（3）检查阶段（C）：根据方针、目标、要求和所策划的活动，对过程以及形成的产品和服务进行监视和测量（适用时），并报告结果。

（4）处置阶段（A）：必要时，采取措施提高绩效。要把成功的经验变成标准，以后按标准实施；失败的教

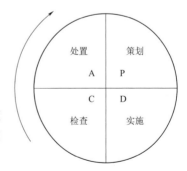

图 7-1 PDCA 循环示意图

训加以总结、防止再次发生；没有解决的遗留问题则转入下一轮 PDCA 循环。

PDCA 循环作为质量管理的科学方法，适用于组织各个环节、各个方面的质量工

作。PDCA 循环四个阶段一个也不能少；同时，大环套小环，环环相扣，如图 7-2 所示。

一般地说，在 PDCA 循环中，上一级的循环是下一级循环的依据，下一级循环是上一级循环的落实和具体化，通过各个循环把组织的各项工作有机地联系起来。例如，在实施阶段为了落实总体的安排部署，制订更低层次的、更具体的小 PDCA 循环来开展计划、实施、检查和处置工作。PDCA 循环是螺旋式不断上升的循环，每循环一次，产品质量、过程质量或体系质量就更提高一步。

PDCA 循环不是停留在一个水平上的循环，不断解决问题的过程就是水平逐步上升的过程。PDCA 循环不是在同一水平上循环，每循环一次，就解决一部分问题，取得一部分成果，工作就前进一步，水平就进步一步。每通过一次 PDCA 循环，都要进行总结，提出新目标，再进行第二次 PDCA 循环，使品质治理的车轮滚滚向前。PDCA 每循环一次，品质水平和治理水平均更进一步（图 7-3）。

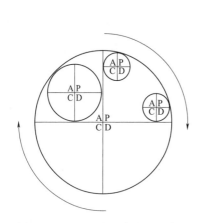

图 7-2 PDCA 大环套小环示意图

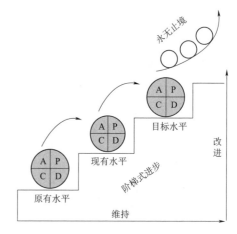

图 7-3 PDCA 阶梯式进步示意图

7.1.3 全面质量管理的基本要求

1. 全员的质量管理

产品和服务质量是组织各方面、各部门、各环节工作质量的综合反映。组织中任何一个环节，任何一个人的工作质量都会不同程度地直接或间接地影响着产品质量或服务质量。因此，产品质量人人有责，人人做好本职工作，全体参加质量管理，才能生产出顾客满意的产品。为激发全体员工参与的积极性，管理者要做好以下三个方面的工作。

首先，必须抓好全员的质量教育和培训。一方面加强员工的质量意识、职业道德、以顾客为中心的意识和敬业精神的教育；另一方面要提高员工的技术能力和管理能力，增强以与意识。在教育和培训过程中，要分析不同层次员工的需求，有针对性开展教育培训活动。

其次，把质量责任纳入相应的过程、部门和岗位中，形成一个高效、严密的质量管理工作的系统。对员工授权赋能，使员工自主作出决策和采取行动。

最后，在全员参与的活动过程中，鼓励团队合作和多种形式的群众性质量管理活动，充分发挥广大员工的聪明才智和当家作主的进取精神。

2. 全过程的质量管理

产品质量形成的过程包括市场研究（调查）、设计、开发、计划、采购、生产、控制、检验、销售、服务等环节，每一个环节都对产品质量产生或大或小的影响。上述过程为不断循环提高的过程，产品质量在循环中不断提高。

要控制产品质量，需要控制影响质量的所有环节和因素。全过程的质量管理包括了市场调研、产品设计开发、生产（作业）、销售、售后服务等全部有关过程。换句话说，要保证产品或服务的质量，不仅要搞好生产或作业过程的质量管理，还要搞好设计过程和使用过程的质量管理，要把质量形成全过程的各个环节或有关因素控制起来，形成一个综合性的质量管理体系。

3. 全组织（全方位）的质量管理

全组织的质量管理可以从纵横两个方面来加以理解。从纵向的组织管理角度来看，质量目标的实现有赖于企业的上层、中层、基层管理乃至一线员工的通力协作，其中尤以高层管理能否全力以赴起着决定性的作用。从组织职能间的横向配合来看，要保证和提高产品质量必须使企业研制、维持和改进质量的所有活动构成为一个有效的整体。

4. 多方法的质量管理

随着产品复杂程度的增加，影响产品质量的因素也越来越多。既有物的因素，也有人的因素；既有技术的因素，也有管理的因素；既有组织内部的因素，也有供应链的因素。要把一系列的因素系统地控制起来，就必须结合组织的实际情况，广泛、灵活地运用各种现代化的科学管理方法，加以综合治理。

多方法的质量管理强调程序科学、方法灵活、实事求是、讲求实效。在应用质量工具方法时，要以方法的科学性和适用性为原则，要坚持用数据和事实说话，从应用需求出发尽量简化。

7.1.4 建设工程质量控制目的

建设工程质量控制就是通过有效的质量控制工作和具体的质量控制措施，在满足投资和进度要求的前提下，实现工程预定的质量目标。

建设工程的质量首先必须符合国家现行的关于工程质量的法律、法规、技术标准和规范等的有关规定，尤其是强制性标准的规定。这实际上也就明确了对设计、施工质量的基本要求。从这个角度讲，同类建设工程的质量目标具有共性，不因其业主、建造地点以及其他建设条件的不同而不同。

建设工程的质量目标又是通过合同加以约定的，其范围更广、内容更具体。任何建设工程都有其特定的功能和使用价值。建设工程的功能与使用价值的质量目标是相对于业主的需要而言，并无固定和统一的标准。从这个角度讲，建设工程的质量目标都具有独立个性。

建设工程质量控制的目的就要实现以上两方面的工程质量目标。由于工程共性质量目标一般都有严格、明确的规定，因而质量控制工作的对象和内容都比较明确，也可以较准确、客观地评价质量控制的效果。而工程个性质量目标具有一定的主观性，没有明确、统一的标准，因而质量控制工作的对象和内容较难把握，对质量控制效果的评价与评价方法和标准密切相关。

因此，在建设工程的质量控制工作中，要注意对工程个性质量目标的控制，最好能预先明确控制效果定量评价的方法和标准。另外，对于合同约定的质量目标，必须保证其不得低于国家强制性质量标准的要求。

为实现工程质量控制目的，在项目实施前进行工程项目质量策划是非常必要的，也是质量控制的重要环节。工程项目质量策划是在全面了解项目信息后，基于公司管理制度和公司过程资产，对项目实施中质量控制进行经济、管理等方面的研究，提出改进项目建设质量，提高项目管理效率和效益，改善项目管理人员生活和工作环境等各个方面的成体系的措施，并实施。工程项目质量策划过程是过程资产经过编写、组合和管理，从而组成新的知识，是一个需要综合多方面内容、开放性的过程。

7.2　工程总承包项目质量管理策划的目的和作用

现有的法律法规以及政策性文件对工程总承包项目中总承包商应承担的质量管理责任仅作了原则性的规定，没有界定具体管理活动，而《建设项目工程总承包管理规范》（GB/T 50358—2017）是基于自主承担设计、采购、施工等各项任务的实施，详细规定了质量管理要开展的各项管理动作，没有区分哪些是属于工程总承包质量管理活动，哪些是属于施工总承包质量管理活动。

工程总承包项目质量策划的目的是通过策划活动，确定在不同的项目组织实施模式下项目质量管理体系以实现既定的项目质量目标，明确项目参建各方应承担的质量管理责任，一方面使得法律法规规定的质量管理原则性要求得到具体的落实，明确质量管理的内容，尤其是规程规范中没有明确规定的内容；另一方面实现质量管理活动的分解，明确各方在具体某一项质量管理工作中应履约哪些管理活动，保证各方之间管理活动的衔接有序。

质量管理策划成果在取得参建各方同意后，即构成项目履约过程中各方质量管理活动开展的依据，是检查各方质量管理活动是否尽职的标准，是参建各方互相监督的准绳，同时也是外部质量监督检查发现问题后追究责任主体的依据。

7.3　工程总承包项目质量管理策划的内容

工程总承包项目质量管理策划的内容包括质量管理依据、质量管理体系、质量计划、质量过程管理、考核管理、质量验收管理和信息管理等七个方面。

7.3.1　质量管理依据

为使工程总承包项目质量管理有据可依，开工前总承包项目部应收集国家、行业、上级行政主管部门及本企业有关质量方面的文件，并收集勘察、设计、施工相关技术要求形成质量管理依据。

项目部在公司下发的法律法规清单和行业规程规范清单中挑选适用项目的条目，收集适用项目的地方性法律法规、地方规程规范，形成法律法规和规程规范清单。质量管理人员将清单下发各部门和施工项目经理部，项目总工组织项目部内部培训宣贯并形成记录。

项目经理组织对合同文件进行解读，对质量相关内容进行摘录、整理。设计单位向总承包项目部提交设计成果，总承包项目部项目总工组织设计人员整理关于图纸中质量方面的要求，编制设计技术要求，并组织设计人员对监理、施工、总包管理人员进行宣贯交底，形成设计交底记录。

总承包项目部项目总工根据合同解读、技术交底中质量相关要求，编制质量控制要点作为制度编制、质量考核的依据，并下发施工项目经理部。

施工项目经理部收集质量检测及验收相关标准形成检测验收标准清单，并结合质量控制要点，作为施工项目经理部质量管理的依据。施工项目经理部参加总承包项目部组织的设计人员技术交底，并向总承包项目部上报施工方案。

7.3.2 质量管理体系

为保证质量管理有序进行，开工前工程总承包项目部将成立质量管理组织机构，明确质量管理岗位职责，编制质量管理制度，确保质量管理体系正常运作。

1. 质量管理组织机构

工程总承包项目部项目经理组织成立质量管理组织机构，明确质量管理人员，形成正式文件下发施工项目经理部，上报监理单位、建设单位。项目总工审核施工项目经理部上报的质量管理组织机构。

施工项目经理部根据项目特点建立以施工项目经理为第一责任人的质量管理体系，施工项目经理部项目经理对项目的质量全权负责，履行项目质量的管理职责。施工项目经理部项目经理负责成立组织机构，组织机构由项目经理、生产经理、总工等领导班子成员及部门负责人组成。同时设立专门的质量管理部门并必须配备专职质检员。

施工项目经理部的组织机构需上报给总承包项目部审核。

2. 岗位职责

总承包项目部、施工项目经理部等单位编制质量管理岗位职责，明确各职能部门和主要技术管理人员质量职责并内部发文，由项目副经理或总工组织进行宣贯。总承包项目部检查施工项目经理部职责制定情况。

3. 管理制度

总承包项目部项目总工编制质量管理制度，包含工程质量首件制、交底制度、检查制度、考核制度、会议制度、事故调查处理管理制度等。质量管理制度应以正式文件形式下发给总承包项目部各部门及施工项目经理部并由质量管理人员组织宣贯学习，形成记录。

施工项目经理部编制切实可行的质量管理制度并上报给总承包项目部，总承包项目部质量管理人员检查施工项目经理部制度的制定情况。

7.3.3 质量计划

工程总承包项目部根据合同文件及相关单位（住建、质监等）相关文件要求策划确定本单位内部质量目标。编制质量计划，包含编制依据、项目概况、质量目标及分解、质量管理组织结构与职责、质量验收标准、质量控制要点、质量检验计划、质量管理改进等，形成质量计划。质量计划应在总承包项目部内部由项目总工组织进行宣贯学习。

7.3.4　质量过程管理

为保证项目实施过程中产品质量能得到有效控制，在开工前，总承包项目部应加强在设计质量、物资采购质量及施工质量等方面的过程管理，确保质量可控。

1. 设计质量管理

（1）设计方案可实施性评估。总承包项目部项目设计经理/总工组织设计、施工、监理、业主对设计方案的可实施性进行评估，可实施性主要就现场施工条件、方案是否可落地等进行评估，设计单位根据可实施性评估意见修改完善。

（2）设计方案的投资控制及工期影响评估。总承包项目部项目设计经理/总工组织设计单位、施工单位、造价咨询单位或人员对设计方案投资影响及工期影响进行评估，设计单位根据投资评估及工期评估意见依据修改完善。

（3）对设计产品质量进行复核。总承包项目部项目设计经理/总工组织总承包管理人员、施工项目经理部等对图纸中高标、前后尺寸等进行复核，形成图纸审查意见发设计单位。

（4）设计交底和评审。总承包项目部项目设计经理/总工组织设计人员对总承包管理人员及施工项目经理部等进行内部交底，交底后总承包管理人员及施工项目经理部对设计图纸进行内部评审，提出意见，形成会议纪要，设计人员根据会议纪要意见修改完善图纸并上报监理单位、建设单位批准。

（5）在实施过程中设计变更管理。如现场出现与设计图纸边界条件不符，总承包项目部项目设计经理/总工应组织设计单位、施工项目经理部及建设单位、监理单位等对边界条件进行确认，设计单位根据确认的边界条件出具变更方案初稿，总承包项目部、施工项目经理部应对变更方案初稿的可实施性、投资变化和工期影响进行评估，提出评估意见，设计单位根据评估意见修改完善后报监理单位、建设单位批准。

2. 采购质量管理

（1）自行采购。总承包项目部合同工程师根据总包合同并结合设计文件，要求编制自行采购材料、设备的质量要求并写入采购合同。合同工程师组织确认采购合同中产品质量是否满足要求。

总承包项目部合同工程师负责将采购合同中采购材料、设备的相关质量要求移交现场质量管理人员。质量工程师对进场材料的长度、重量、壁厚、规格等进行国标查验，对超过负偏差产品进行退回。

对于有运输质量风险的设备材料需考虑投保。

（2）分包单位采购。总承包项目部质量管理人员将设计技术要求下发施工项目经理部，并要求施工项目经理部在材料、物资采购文件中明确材料、物资的设计质量要求。

分包单位编制采购文件并报备总承包项目部，总承包项目部项目合同工程师审核施工项目经理部上报的采购文件，通过对采购文件中供应商的资质、人员、资金、业绩、合作关系等的审查，判断供应商是否满足供货要求。

总承包项目部质量管理人员每月对主要材料、设备物资到场资料（合格证、出厂证明等）进行抽查。对重点采购材料、设备物资，可要求施工项目经理部派管理人员驻厂监造。总包单位对驻厂人员履职情况进行抽查。

总承包项目部项目设计经理（或设总）/总工程师结合设计图纸及规范要求编制检验检测标准和检测方式，下发施工项目经理部。

3. 施工质量管理

（1）人员管理。施工项目经理部上报质检人员执业资格、职工花名册和入场前技术交底记录。总承包项目部质量管理人员审核施工项目经理部管理人员的资格、资历并建立台账；在重要工序开工前抽查施工项目经理部职工花名册，检查上岗前技术交底记录情况，检查后形成台账、抽查记录。

（2）材料管理。施工项目经理部提供材料质量证明文件、检查记录并建立台账及不合格品登记表。总承包项目部质量管理人员检查大宗物资或小宗重要物资材料质量证明文件、抽检记录和台账，以及不合格品登记表。质量管理人员填写检查记录。

（3）机械、设备管理。施工项目经理部提供机械设备、仪器仪表的合格证、年检证书等文件，建立设备台账，编制维保记录。总承包项目部质量管理人员抽检施工项目经理部质量相关的机械设备、仪器仪表相关文件、台账、维保记录。质量管理人员填写检查记录。

（4）施工工艺管理。施工项目经理部提供重点部位、关键工序的主要施工工艺、专项方案及质量保证措施，并进行技术交底。总承包项目部项目总工组织审查重点部位、关键工序的主要施工工艺、专项方案及质量保证措施是否满足要求。

总承包项目部项目总工编制"质量月"活动方案，下发至施工项目经理部。根据总包单位下发的"质量月"活动方案编制"质量月"活动计划，上报总承包项目部。项目总工审核施工项目经理部上报的"质量月"活动计划，根据总承包项目部审核后的"质量月"活动计划开展活动，并编制"质量月"总结，上报工程总承包项目部。工程总承包项目部整理施工单位上报的"质量月"活动总结，结合自身开展的活动，汇总整理后上报公司控制部。

（5）环境因素管理。总承包项目部质量管理人员应关注天气等环境突变可能对工程质量造成影响的环境因素，并通报施工项目经理部。施工项目经理部对影响质量的环境因素作出应对措施。

4. 检查管理

（1）日常检查。

1）总承包项目部质量管理人员按照施工图纸和技术要求的规定进行不定期日常质量巡检，发现问题采用口头、App 或微信群通知等形式告知施工项目经理部并要求及时整改。

2）发现较大或重复出现的问题应下发质量整改通知单，施工项目经理部按总承包项目部下发的质量整改通知单要求落实整改及回复。

（2）月度检查。总承包项目部质量管理人员对施工项目经理部质量管理人员履职情况及重点部位和关键工序进行检查，对主要材料、设备物资到场资料（合格证、出厂证明等）和质量验收评定资料、实验检测等内业资料进行抽查，填写专项检查记录表。将所存在的问题下发至施工项目经理部并要求限期整改及回复。

施工项目经理部按总承包项目部下发的质量整改通知单要求落实整改及回复。

总承包项目部质量管理人员对施工项目经理部主要工程开工前的质量教育培训情况进行检查，并形成检查记录。

7.3.5　考核管理

为提高施工人员的质量意识，及时改进规律性质量缺陷，总承包项目部在施工过程中要求质量管理人员日常巡检或每周周检查时收集质量缺陷信息并留下记录，同时由项目副经理组织按月对施工项目经理部进行质量考核，质量考核可纳入月综合考核中，考核结果下发施工项目经理部。

1. 改进

针对存在的质量问题，总承包项目部项目总工在月度例会前应整理质量相关问题，组织施工项目经理部、设计单位分析原因，提出改进措施，在月度例会上取得监理单位、建设单位同意后监督施工项目经理部执行。

2. 考核

总承包项目部根据工程执行情况进行月度考核或履约评价，并下发质量管理考核通报。勘察设计单位、施工项目经理部按质量通报进行整改。

7.3.6　质量验收管理

为保证项目验收工作顺利进行，总承包项目部在开工前需组织编报项目划分，积极参与隐蔽工程验收及重要工程验收，审核工程验收资料及鉴定书。

1. 项目划分

施工项目经理部根据有关行业单元工程施工质量验收评定标准、施工图纸、施工组织设计进行单元工程划分（检验批、分项、分部、单位工程），形成项目划分表并上报。总承包项目部项目总工审核项目划分表后，由施工项目经理部上报监理单位审批，报质监站备案。

2. 隐蔽工程验收

施工项目经理部编制上报隐蔽工程验收资料，监理单位组织，施工项目经理部及总承包项目部质量管理人员、设计人员参与隐蔽工程验收。

3. 重要工程验收

在监理单位组织下，施工项目经理部编制分部分项工程验收资料并上报总承包项目部，由总承包项目部质量管理人员、设计人员参与分部分项工程验收。

在监理单位组织下，施工项目经理部编制单位工程验收资料并上报总承包项目部，由总承包项目部质量管理人员审核单位工程验收资料，并参与单位工程验收。

7.3.7　信息管理

为保证产品质量资料能够及时完整地得到收集，总承包项目部在施工过程中指定专人收集施工项目经理部及质量管理人员收集的施工过程资料并予以妥善保存。

1. 质量档案资料

开工前，总承包项目部资料管理人员联系单位图档中心确定项目归档资料清单并下发施工项目经理部。施工项目经理部按照要求按时上报。过程中，总承包项目部质量管理人员按照清单收集、归档。

2. 质量工作报表

（1）周报。总承包项目部由质量管理人员编写项目管理周报经质量管理责任部门主任审核、项目副经理审批后报相关部门。

（2）月报。总承包项目部由质量管理人员编写项目管理月报经质量管理责任部门主任审核，项目副经理审批，项目经理同意后报相关部门。

（3）年终总结和下一年工作计划。由总承包项目部项目总工编写年终总结和下一年工作计划，项目经理审批后上报公司及监理单位。

3. 质量会议

（1）总承包项目生产经理/总工每周组织勘察设计单位、施工项目经理部、项目部管理人员，召开周生产例会，质量部分由质量管理人员或指定人员记录、编写会议纪要，并下发至设计、施工项目经理部。

（2）每月最后一次例会为月生产例会，由项目经理/常务副经理组织勘察设计单位、施工项目经理部及项目部管理人员召开月生产例会，质量部分由质量管理人员或指定人员记录、编写会议纪要，并下发设计、施工项目经理部。

（3）总承包项目年度生产会议，由总承包项目经理主持召开，质量部分由质量管理人员或指定人员记录、编写会议纪要，并下发设计、施工项目经理部。

4. 影像资料

施工项目经理部明确专人对建设工程各阶段照片、录像资料进行收集并根据要求上报总承包项目部。总承包项目部现场管理人员及质量管理人员也需收集各阶段照片、录像资料并汇总施工项目经理部上报影像资料且编号存档。每周整理一次影像资料。

7.4　工程总承包项目质量管理策划组织

7.4.1　策划前的准备

项目经理在质量策划前，召集项目部质量管理相关人员，按照质量策划的内容结合项目组织实施模式，拟定工程总承包项目质量管理职责划分表，初步划分各参建单位的质量管理职责。

对于总分包模式，质量管理职责划分可以按照工程总承包项目部、施工单位、勘察、设计单位、监理单位、建设单位等建设六方主体进行划分；对于松散型联合体模式，质量管理职责划分可以按照联合体牵头方（总包管理）、联合体成员方（施工）、联合体成员方（勘察、设计）、监理单位、建设单位等建设各方主体进行划分；对于紧密型联合体模式，质量管理职责划分可以按照工程总承包项目部、监理单位、建设单位等建设三方主体进行划分。

总分包模式下，质量管理职责划分示例如表 7-1 所示。

表 7-1　　　　　　　　　　工程总承包项目质量管理职责划分表

序号	质量模块	管理内容	EPC 总承包项目部	施工项目经理部	勘察、设计单位	监理单位	建设单位	备注
1	质量管理依据	国家、行业、上级行政主管部门、企业文件收集及处理	1. 项目总工在公司下发的法律法规清单和行业规程规范清单基础上挑选适用本项目的条目，收集适用项目的地方性法律法规、地方规程规范，形成法律法规和规程规范清单。 2. 质量管理人员将清单下发各部门和施工项目经理部，项目总工组织项目部内部培训宣贯并形成记录	收集适用自身的法律法规、规程规范整理成清单				
		上级来文收集及处理	1. 项目部对来文采取传阅、组织专题会部署或直接指定责任人落实工作等方式处理。 2. 质量管理人员将处理结果如传阅记录、落实成果、会议记录等归类存档	接收总承包文件并落实，形成记录备检				
		合同及设计文件中质量要求的收集及处理	1. 项目开工前，项目总工对合同文件中质量要求进行解读，向总承包项目的相关人员进行交底，并在分包合同或交底时向施工项目经理部进行要求。 2. 总承包项目设计经理/总工组织设计人员编制本工程质量技术要求（可在施工图纸设计说明中明确），向总承包管理人员及施工项目经理部进行交底。 3. 总承包项目总工根据设计技术要求及规程规范的要求，组织编制分部分项工程《质量控制要点》作为质量管理及考核的依据，向总承包管理人员及施工项目经理部进行交底	参加总承包项目部组织的设计交底及质量控制要点交底	提交设计成果			
2	质量管理体系	管理机构	1. 项目经理组织成立质量管理组织机构。 2. 项目总工审核施工项目经理部上报的质量管理组织机构。 3. 上报质量管理体系（包含机构、职责、制度等）	1. 参加总包质量管理组织机构。 2. 成立施工质量管理组织机构，上报总承包项目部		审核		
		岗位职责	项目总工组织编制岗位职责并进行宣贯留下记录	编制岗位职责				

续表

序号	质量模块	管理内容	EPC 总承包项目部	施工项目经理部	勘察、设计单位	监理单位	建设单位	备注
2	质量管理体系	管理制度	1. 项目总工组织编制质量管理制度，包含工程质量首件制、交底制度、检查制度、考核制度、会议制度、事故调查处理管理制度等。 2. 质量管理人员下发质量管理制度给各部门及施工项目经理部。 3. 质量管理人员组织宣贯，并形成记录	编制质量管理制度报备				
3	质量计划	质量计划	1. 项目总工编制质量计划。 2. 质量管理人员发布下发、上报质量计划。 3. 质量管理人员对质量计划进行宣贯，并形成记录。 4. 项目总工组织项目部成立QC小组，并开展活动	编制施工质量计划并上报		报备	报备	
4	质量过程管理	设计质量管理	设计方案可实施性评估	总承包项目部项目设计经理/总工组织设计、施工项目经理部、监理、业主对设计方案的可实施性进行评估，可实施性主要就现场施工条件、方案是否可落地等进行评估，设计单位根据可实施性评估意见修改完善	参加	接收设计图纸审查意见并修改	参加	参加
			设计方案的投资控制及工期影响评估	总承包项目部项目设计经理/总工组织设计单位、施工项目经理部、造价咨询单位或人员对设计方案投资影响及工期影响进行评估，设计单位根据投资评估及工期评估意见依据修改完善		接收意见并修改		
			对设计产品质量进行复核	总承包项目部项目设计经理/总工组织总承包管理人员、施工项目经理部对图纸中高标、前后尺寸等进行复核，形成图纸审查意见发设计单位	对设计图纸提出意见	对意见进行答疑	对设计图纸提出意见	
			设计交底和评审	总承包项目部项目设计经理/总工组织设计人员对总承包管理人员及施工项目经理部等进行内部交底，交底后总承包管理人员及施工项目经理部对设计图纸进行内部评审，提出意见，形成会议纪要，设计人员根据会议纪要意见修改完善图纸并上报监理单位、建设单位批准		接收意见并修改		

续表

序号	质量模块		管理内容	EPC 总承包项目部	施工项目经理部	勘察、设计单位	监理单位	建设单位	备注
4	质量过程管理	设计质量管理	在实施过程中设计变更管理	如现场出现与设计图纸边界条件不符，总承包项目部项目设计经理/总工应组织设计单位、施工项目经理部对边界条件进行确认，设计单位根据确认的边界条件出具变更方案初稿，总承包项目部、施工项目经理部应对变更方案初稿的可实施性、投资变化和工期影响进行评估，提出评估意见，设计单位根据评估意见修改完善后报监理单位、建设单位批准		接收意见并修改			
		采购质量管理	自行采购	1. 分包商的采购是总承包项目部采购的重点控制环节，采购招标文件编制过程中，总承包商务经理组织合同工程师对采购分包商的资质、业绩、人员要求及质量要求进行整理在招标文件中进行明确，合同谈判时总承包商务经理应组织合同工程师、质量管理人员在合同中进行确认。 2. 如有总承包商需采购的材料、设备等，总承包合同工程师根据总包合同结合设计文件要求编制自行采购材料、设备的质量要求并写入采购合同。合同谈判时总承包商务经理应组织合同工程师、质量管理人员确认采购合同中产品质量是否满足要求。 3. 总承包项目部项目商务经理组织合同工程师负责将采购合同中采购材料、设备的相关质量要求移交现场质量管理人员。 4. 对于有运输质量风险的设备材料需考虑投保					
			分包单位采购	1. 总承包项目部质量管理人员将设计技术要求下发施工项目经理部，并要求施工项目经理部在材料、物资采购文件中明确材料、物资的设计质量要求。 2. 施工项目经理部编制采购文件并报备总承包项目部，总承包项目部项目商务经理审核施工项目经理部上报的采购文件，通过对采购文件中供应商的资质、人员、资金、业绩、合作关系等审查，判断供应商是否满足供货要求。 3. 总承包项目部质量管理人员每月对主要材料、设备物资到场资料（合格证、出厂证明等）进行抽查。对重点采购材料、设备物资可要求施工项目经理部派管理人员驻场监造，总包单位对驻场人员履职情况进行抽查	编制采购文件并报备总承包项目部，与供应商采购合同签订前上报相关文件。根据审查意见落实工作		审核		

续表

序号	质量模块		管理内容	EPC 总承包项目部	施工项目经理部	勘察、设计单位	监理单位	建设单位	备注
4	质量过程管理	施工质量管理	人员	总承包项目部质量管理人员审核施工项目经理部管理人员资格、资历并建立台账；审核施工项目经理部质检人员执业资格并建立台账；在重要工序开工前抽查施工项目经理部职工花名册，检查上岗前技术交底记录情况。检查后形成抽查记录	上报管理人员、质检人员执业资格、职工花名册、入场前技术交底记录				
			材料	施工项目经理部提供主要材料进场台账、原材料检验试验台账，对不合格品建立不合格品登记台账，总承包项目部质量管理人员抽查主要材料进场情况、质量证明文件、检验试验情况及不合格品处理情况，填写检查记录	提供材料质量证明文件、检查记录并建立台账及不合格品登记表				
			机械、设备	施工项目经理部提供机械设备、仪器仪表的合格证、年检证书等文件，建立设备台账，编制维保记录。总承包项目部质量管理人员抽检施工项目经理部质量相关的机械设备、仪器仪表台账、维保记录。质量管理人员填写检查记录	提供机械设备、仪器仪表相关文件、设备台账，维保记录				
			方法	1. 施工项目经理部提供重点部位、关键工序的主要施工工艺、专项方案及质量保证措施，并分级对现场管理人员进行层层技术交底。总承包项目部项目总工组织审查重点部位、关键工序的主要施工工艺、专项方案及质量保证措施是否满足要求。形成专项方案审批表，并下发施工项目经理部。 2. 质量管理人员检查施工项目经理部专项方案质量交底培训记录，并形成专项方案检查表。 3. 项目总工编制"质量月"活动方案，下发施工项目经理部。 4. 项目总工审核施工项目经理部上报的"质量月"活动计划	1. 提供重点部位、关键工序的主要施工工艺、专项方案及质量保证措施，并进行技术交底。 2. 根据总承包项目部下发的专项方案审批表进行修改。 3. 根据总包单位下发的"质量月"活动方案编制"质量月"活动计划，上报总承包项目部。 4. 根据总承包项目部审核后的"质量月"活动计划开展活动，并编制"质量月"总结，上报总承包项目部				

序号	质量模块		管理内容	EPC 总承包项目部	施工项目经理部	勘察、设计单位	监理单位	建设单位	备注
4	质量过程管理	施工质量管理	环境	总承包项目部质量管理人员应关注天气等环境突变可能对工程质量造成影响的环境因素并通报施工项目经理部，施工项目经理部对影响质量的环境因素做出应对措施	对影响质量的环境因素做出应对措施				
		检查	日常检查	1. 总承包项目部质量管理人员按照施工图纸和技术要求的规定进行不定期日常质量巡检，发现问题采用口头、App 或微信群通知等形式告知施工项目经理部并要求及时整改。2. 发现较大或重复出现的问题应下发质量整改通知单，施工项目经理部按总承包项目部下发的质量整改通知单要求落实整改及回复	按总承包项目部下发的质量整改通知单要求落实整改及回复				
			月检查	1. 总承包项目部质量管理人员对施工项目经理部质量管理人员履职情况及重点部位和关键工序进行检查，对主要材料、设备物资到场资料（合格证、出厂证明等）和质量验收评定资料、实验检测等内业资料进行抽查，填写专项月度质量检查表。对存在问题下发施工项目经理部并要求限期整改及回复。可与月度综合履约检查相结合。2. 总承包项目部质量管理人员对施工项目经理部主要工程开工前的质量教育培训情况进行检查，并形成检查记录	按总承包项目部下发的质量整改通知单要求落实整改及回复				
5	考核管理		改进	针对存在的质量问题，项目总工组织施工项目经理部、设计单位分析原因，提出改进措施，监督执行	收集质量信息，参与数据、原因分析，落实改进措施，评价其有效性，并上报总包单位	收集质量信息，参与数据、原因分析，落实改进措施，评价其有效性，并上报总包单位			
			考核	项目总工根据工程执行情况组织定期考核或履约评价，形成质量管理考核通报下发	按质量通报要求进行执行	按质量通报要求进行执行			

续表

序号	质量模块	管理内容	EPC总承包项目部	施工项目经理部	勘察、设计单位	监理单位	建设单位	备注
6	质量验收管理	项目划分	项目总工审核项目划分表	编制项目划分表并上报		审核		
		隐蔽工程验收	质量管理人员不定期参与隐蔽验收	编制上报隐检资料清单		组织		
		重要验收	1. 质量管理人员参与分部工程验收资料及鉴定书。2. 质量管理人员参与单位工程验收资料及鉴定书。3. 质量管理人员参与竣工验收资料及鉴定书	1. 编制分部工程验收资料及鉴定书并上报。2. 编制单位工程验收资料及鉴定书并上报。3. 编制竣工验收资料及鉴定书并上报	参与验收	参与验收	组织验收	
7	信息管理	质量档案资料	1. 开工前,资料管理人员联系华东院图档中心确定项目归档资料清单。2. 过程中,质量管理人员按清单收集、归档	按时上报资料				
		质量工作报表	总承包项目管理周报中质量部分由质量管理人员编写,质量管理职责部门主任审核,项目总工审查后上报公司	上报周报	上报周报			
			总承包项目管理月报中质量部分由质量管理人员编写,质量管理职责部门主任审核,项目总工审查,项目经理同意后上报公司	上报月报	上报月报			
			年度工作总结和下一年工作计划由项目经理组织编写,形成总承包项目年度工作总结和下一年工作计划,由项目经理报分公司分管领导审批后上报公司,批准后执行					
		质量会议	总承包项目总工每周组织勘察设计单位、施工项目经理部、项目部管理人员,召开周生产例会,质量部分由质量管理人员或指定人员记录、编写会议纪要,并下发设计、施工项目经理部	参加	参加			
			每月最后一次例会为月生产例会,由项目经理组织勘察设计单位、施工项目经理部及项目部管理人员召开月生产例会,质量部分由质量管理人员或指定人员记录、编写会议纪要,并下发设计、施工项目经理部	参加	参加			

续表

序号	质量模块	管理内容	EPC 总承包项目部	施工项目经理部	勘察、设计单位	监理单位	建设单位	备注
7	信息管理	质量会议	总承包项目年度生产会议，由总承包项目经理主持召开，质量部分由质量管理人员或指定人员记录、编写会议纪要，并下发设计、施工项目经理部	参加	参加			
		影像资料	现场管理人员及质量管理人员收集各阶段照片、录像资料并编号存档	明确专人对建设工程各阶段照片、录像资料进行收集并根据要求上报				

7.4.2 策划过程

工程项目质量策划过程是以工程总承包合同为依据，以有关法律法规、规程规范的要求为准绳，针对项目部拟定的工程总承包项目质量管理职责划分表，讨论确定各参建单位的质量管理职责，尤其是工程总承包合同范围内各参建方的质量管理职责，使得工程总承包合同义务中原则性约定可以拆分到总承包管理、设计管理、施工管理等不同角色的管理职责，将项目质量管理的法律责任、合同义务作充分的分解、细化，保证各方在履约过程中能充分履约。

必要时，总包项目部应将策划后形成的质量管理职责划分表上报项目业主或监理单位，建立工程建设质量管理的工作机制，使质量管理活动的实施、检查、督促等责任主体得以明确，也可以作为责任追究的依据。

7.5 工程总承包项目质量计划

《质量管理体系 基础与术语》（GB/T 19000—2016）对质量计划的定义为：为满足某个特定的项目、产品、过程或合同的要求，规定由谁及何时应用所规定的过程、程序和相关资源的文件。质量计划提供了一种途径将某一产品、项目或合同的特定要求与现行的通用质量体系程序联系起来。虽然要增加一些书面程序，但质量计划无须开发超出现行规定的一套综合的程序或作业指导书。一个质量计划可以用于监测和评估贯彻质量要求的情况，但这个指南并不是为了用作符合要求的清单。质量计划也可以用于没有文件化质量体系的情况，在这种情况下，需要编制程序以支持质量计划。

项目质量计划是指为实现项目的目标，对项目质量管理进行规划，确保项目质量满足要求而进行的计划、组织、指挥、协调和控制等活动。项目质量管理是项目管理中重要的组成部分，项目质量管理的好坏是项目管理是否成功的一个重要标志，工程质量计划编制和成功实现又是项目质量管理中重要一环，是公司质量方针和质量目标的分解和具体表现，也体现出企业质量管理水平。

7.5.1　质量计划编制依据

工程总承包项目质量计划编制的依据包括：

（1）国家、行业、地方有关法令、法规。

（2）《质量管理体系　要求》（GB/T 19001—2016）idt ISO 9001：2015。

（3）《质量管理体系　质量计划指南》（GB/T 19015—2008）。

（4）《质量管理体系　项目质量管理指南》（GB/T 19016—2005）。

（5）与工程建设质量管理相关的其他标准、规范。

（6）工程总承包合同。

（7）项目业主的要求。

（8）公司相关的管理制度。

（9）工程质量管理策划的结论。

（10）设计文件等。

7.5.2　质量计划的作用

通过实施工程质量计划，使工程质量管理人员的工作有确切的目标，防止质量管理的盲目和随意，增强工作的主动性，提高项目的质量管理水平，对项目质量的总目标实现起到事半功倍的效果。

通过实施工程质量计划，可以向项目业主证实合同约定的质量目标的实现手段、控制途径，也为项目业主监督工程总承包商的质量管理履约行为是否符合标准的要求和合同的约定提供了依据。

通过实施工程质量计划，可以将公司的质量管理体系文件得到全面的执行，并将其转换为更便于项目管理人员阅读、理解的表述方式，简化现场管理活动，提高管理效率。

7.5.3　质量计划的内容

质量计划编写的主要内容包括以下方面：

1　编制依据

2　项目概况

　　2.1　项目名称、性质、建设地点、建设规模

　　2.2　项目的建设单位、工程总承包单位、设计单位、监理单位、质量监督机构等相关单位的名称

　　2.3　项目的计划开工日期、完工日期

　　2.4　项目承包范围

　　2.5　工程的特点及施工难点、重点

3　质量目标及分解

　　3.1　质量目标及指标

　　3.2　质量目标分解

　　3.3　过程监测

　　3.4　工程创优目标

4　质量管理组织机构与职责

4.1　组织机构

4.2　部门及关键岗位职责

4.3　体系文件及管理制度

5　质量验收标准

5.1　设计质量验收标准

5.2　采购质量验收标准

5.3　施工质量验收标准

6　质量控制

6.1　工程划分

6.2　设计质量控制

6.2.1　设计质量控制程序

6.2.2　设计质量控制关键点

6.3　采购质量控制

6.3.1　采购质量控制程序

6.3.2　采购质量控制关键点

6.4　施工质量控制

6.4.1　施工质量控制程序

6.4.2　人力资源控制

6.4.3　施工环境管理

6.4.4　关键工序、特殊过程的确认

6.4.5　关键工序特殊工序的质量控制

6.5　试运行（投产准备）质量控制（如需要的话）

6.6　质量信息沟通

6.7　产品防护管理

6.8　产品标识和可追溯性管理

7　质量检验

7.1　质量检验与试验

7.2　检验设备及器具

8　不合格品控制

8.1　设计不合格品的控制

8.2　采购不合格品的控制

8.3　施工不合格品的控制

8.4　质量事故处理

9　质量管理改进

9.1　质量问题处理

9.2　质量问题分析与改进

9.3　纠正和预防措施

10　监视与测量

11 审核

7.5.4 质量计划的审批

工程总承包项目质量计划由项目经理或项目总工程师组织项目部负责质量管理的专业工程师编写，完成后首先由分管项目质量管理的副经理审核，其次由项目总工程师或项目经理审查并上报公司，再次由职能部门负责或组织审查，然后由分管的公司副总工程师确认，最后由公司总工程师批准。

批准后的项目质量计划由项目部在项目内公布，下发施工项目经理部，上报监理单位，作为项目执行过程中工程总承包范围内各参建方（工程总承包单位、施工单位、设计单位、采购单方等）履约质量管理的行为准则，也作为监理单位、项目业主检查合同履约过程中参建各方是否按计划履行合同义务的依据。

施工承包方应在项目质量计划的基础上，按规程规范的要求，编制施工质量计划，在完成施工项目部的内部审批流程后上报工程总承包项目部，由项目部对其进行审批。

7.6 质量监控策划

项目部依据批准发布的《项目质量计划》对设计、采购、施工、试运行各过程中确定的质量控制点按资源投入的要素进行监控，确认各过程质量满足合同要求，并对过程产品的质量进行评定。

7.6.1 接口质量控制

根据质量计划对设计、采购、施工和试运行阶段接口的质量进行重点控制。

在设计与采购的接口关系中，对采购文件的质量、报价技术评审的结论、供应商图纸的审查和确认等实施重点控制。

在设计与施工的接口关系中，对施工向设计提出要求与施工性分析的协调一致性、设计交底与图纸会审的组织与成效、现场提出的有关设计问题的处理对施工质量的影响、设计变更对施工质量的影响等实施重点控制。

在设计与试运行的接口关系中，对设计满足试运行的要求、试运行操作原则与要求的质量、设计对试运行指导与服务的质量等实施重点控制。

在采购与施工的接口关系中，对所有设备、材料运抵现场的进度与状况对施工质量的影响、现场开箱验收的组织与成效、与设备及材料质量有关问题的处理对施工质量的影响等实施重点控制。

在采购与试运行的接口关系中，对试运行所需材料及备件的确认、试运行过程中出现的与设备、材料质量有关问题的处理对试运行结果的影响等实施重点控制。

在施工与试运行的接口关系中，对施工执行计划与试运行执行计划的协调一致性、机械设备的试运行及缺陷修复的质量、试运行过程中的施工问题处理对试运行结果的影响等实施重点控制。

7.6.2 质量控制

在施工作业过程中，从"人、机、料、法、环"等因素入手，检查是否按计划推进，对发现的不符合项及时提出整改指令。

7.6.3　质量执行报告

依据质量计划和质量考核办法，组织检查、监督、考核，评价质量计划的执行情况，验证实施效果，并编制质量执行报告。质量执行报告可以与管理月报合并编写。对出现的问题、缺陷或不合格项，召开质量分析会议，制定整改措施，并要求限期整改完成。

7.6.4　质量改进

在质量监控过程中，应收集和反馈项目的各项质量信息，定期进行数据分析，找出影响工程质量的原因，采取纠正措施，定期评价其有效性，持续改进工程质量。

在质量改进过程中，鼓励总包项目部、施工单位积极开展 QC 活动，及时整理 QC 成果，参加公司及外部各类 QC 成果评选活动。

第8章 进度管理策划

项目进度管理（project schedule management）是指在项目实施过程中，对各阶段的进展程度和项目最终完成的期限所进行的管理，是在规定的时间内，拟定出合理且经济的进度计划（包括多级管理的子计划），在执行该计划的过程中，经常要检查实际进度是否按计划要求进行，若出现偏差，便要及时找出原因，采取必要的补救措施或调整、修改原计划，直至项目完成。其目的是保证项目能在满足其时间约束条件的前提下实现其总体目标。

在项目进度管理中，制定出一个科学、合理的项目进度计划，只是为项目进度的科学管理提供了可靠的前提和依据，但并不等于项目进度的管理就不再存在问题。在项目实施过程中，由于外部环境和条件的变化，往往会造成实际进度与计划进度发生偏差，如不能及时发现这些偏差并加以纠正，项目进度管理目标的实现就一定会受到影响。所以，必须实行项目进度计划过程控制。

项目进度计划控制的方法是以项目进度计划为依据，在实施过程中对实施情况不断进行跟踪检查，收集有关实际进度的信息，比较和分析实际进度与计划进度的偏差，找出偏差产生的原因和解决办法，确定调整措施，对原进度计划进行修改后再予以实施，随后继续检查、分析、修正，再检查、分析、修正……直至项目最终完成。

在项目执行和控制过程中，要对项目进度进行跟踪。项目进度有两种不同的表示方法：一种是纯粹的时间表示的，对照计划中的时间进度来检查是否在规定的时间内完成了计划的任务；另一种是以工作量来表示的，在计划中对整个项目的工作内容预先做出估算，在跟踪实际进度时看实际的工作量完成情况，而不是单纯看时间，即使某些项目活动有拖延，但如果实际完成的工作量不少于计划的工作量，那么也认为是正常的。在项目进度管理中，往往这两种方法是配合使用的，同时跟踪时间进度和工作量进度这两项指标，所以才有了"时间过半、任务过半"的说法。在掌握了实际进度及其与计划进度的偏差情况后，就可以对项目将来的实际完成时间做出预测。

8.1 工程总承包项目进度管理的意义

项目需要在一定的时间和预算成本内完成一定的可交付物的工作，并使客户满意，因此项目的重要特征之一是具有具体的时间期限。为了使项目能够按时完成，在项目开始之前编制一份项目活动的进度计划是非常有必要的。

项目进度计划就是使项目每项活动的开始及结束时间具体化的计划。如果没有这样的进度计划，将会增加项目不能按时在预算成本内完成全部可交付物工作的风险。

没有项目进度管理方法，项目也有可能成功。但没有时间管理的项目，很难保证项目按时完成，也很难保证项目的利润空间，对项目组织和相关干系人来说，项目失败和亏损的风险就较大。

另外，有了项目进度管理方法，就有了管理改进的基础。无论刚开始的项目实施过程中有多么糟糕，只要有项目进度管理，就有了改进的可能性。

总之，项目进度管理就是要采用一定的方法，对项目范围所包括的活动及其相互关系进行分析，对各项活动所需要的时间和资源进行估算，并在项目规定的时间期限内合理安排和控制活动的开始和结束时间。显然，项目进度管理的意义就是保证项目按照时间期限在预算成本内完成项目全部可交付物的工作。

8.2　工程总承包项目进度管理策划的作用

通过工程总承包项目进度管理策划，明确项目参建各方在进度管理上的职责，明确参建各方的管理活动，构建工程总承包项目进度管理工作机制，共同保证工程进度目标的顺利实现。

通过工程总承包项目进度管理策划，确定工程总承包项目部内部的进度管理体系，明确工程总承包管理方、设计方、施工方等参与各方在进度管理上的职责。

通过工程总承包进度管理策划，确定不同层级的进度计划（一级进度计划、二级进度计划、三级进度计划、四级进度计划）的编制、控制责任方，以下一级进度计划的顺利实施来保证上一级进度计划的实现，最终实现工程整体的进度目标。

通过工程总承包进度管理策划，确定项目实施过程中进度检查的方式和方法，确定进度考核的原则。

通过工程总承包进度管理策划，明确项目业主发布指令或工期变更指示时项目部应对的原则，明确项目履约过程中向项目业主进行工期索赔的策略，以及应对分包商提出工期索赔的处理原则。

8.3　工程总承包项目进度管理策划的内容

工程总承包项目进度管理策划的内容包括进度管理体系、进度计划、进度检查与考核、工期变更和索赔、信息管理等五个方面。

8.3.1　进度管理体系

在项目开工前由项目经理组织建立工程总承包项目部进度管理体系，组织编制部门工作职责及人员岗位职责，并在项目部内部进行宣贯学习，留下记录。由生产经理牵头组织编写进度管理办法并下发分包商/供货商执行。

1. 组织机构的建立

项目开工前，在公司下发的项目部成立文件和项目班子成员任命文件的基础上，由项目经理组织签发项目部内部二级机构设立及人员任命的文件，建立总承包项目组织机构。

项目开工前分包商/供货商编制组织机构和具体管理人员名单并上报总承包项目部，由项目经理组织合同部进行审核。

项目开工前总承包项目部将组织机构及施工项目经理部组织机构（含主要人员任职资格证明文件等）上报监理项目部进行审批。

2. 部门工作职责及岗位职责

总承包项目部成立后1个月内，由项目经理组织编制人员岗位职责及部门工作职责，明确负责进度的分管领导、部门及个人，在项目部进行宣贯。

施工项目经理部编制施工项目部部门工作职责和人员岗位职责及具体人员名单，上报总承包项目部进行审批。

3. 进度管理办法的编制

项目部成立后1个月内，生产经理组织编制进度管理办法，形成正式文件下发分包商/供货商执行并上报监理单位备案。

分包商/供货商按下发的进度管理办法执行。总承包项目部按进度管理办法进行检查、考核等。

进度管理办法中要明确进度计划编制要求、进度计划审批流程、进度检查和考核、进度变更等方面内容。

8.3.2 进度计划

项目开工前与项目执行的重点阶段，由项目经理组织对实现项目进度的重点工作、重点边界条件进行梳理，提出针对性控制措施并落实实施完成时间、责任人，作为项目进度策划阶段的重点工作。

根据相关文件（投标文件与合同文件、策划文件等），项目经理组织会议明确建设单位、总承包单位、分包商/供货商的进度管理职责，编制总体进度计划（含里程碑节点），确定关键线路，基于合同初始条件及合同约定的业主提供的工作条件、工作面移交安排等计划编制完成总体进度计划，并报监理机构或业主审批同意，即构成项目的基线进度计划。

项目生产经理再根据基线进度计划组织分包商/供货商编制单体/专项进度计划。基线进度计划和各单体进度计划确定后，生产经理组织分包商/供货商编制阶段性进度计划，包括年度进度计划、月度进度计划、周进度计划等。

总体进度计划、专项进度计划、阶段性进度计划汇总并内部审查后，由总承包项目部按需上报监理单位、建设单位批准后作为进度管理过程中的依据文件。

1. 阶段重点进度管理工作策划

项目开工前与项目执行的重点阶段由项目经理组织分包商/供货商召开会议，对项目商务推进、政策处理、征拆影响、报批报建、勘察设计进度、施工资源投入、重要设备材料采购等因素进行分析，明确阶段性重点工作、重点边界条件、针对性控制措施、落实完成时间和责任人。

此部分内容在项目总体策划或进度专题策划中体现，形成正式文件，并作为周/月度进度检查表的依据，由生产经理组织总承包项目部管理人员进行宣贯学习，并在后续通过周/月度进度检查表实时进行阶段性更新。

2. 总体进度计划（基线进度计划）

总体进度计划由项目经理组织进行编制，总体进度计划应结合合同文件和现场实际边界条件进行编制，包括商务推进计划、前期报批报建计划、外围政策处理计划、勘察设计计划、设备材料采购计划、施工计划等项目执行关键节点。总体进度计划重点应明确各方交接时间节点，在合同签订或项目实际开工后 1 个月内上报监理单位、建设单位审批确认。批准后，作为项目整体基线计划，下发分包商/供货商执行。

总体进度计划中，应在明显位置集中体现里程碑节点，并由合同经理对分包商/供货商的里程碑节点要求在分包合同中进行明确，原则上分包合同里程碑节点应比总承包里程碑节点提前若干时间。

总体进度计划应包含项目关键线路分析，确定总承包项目部进度管理的重点环节，在后续阶段的重点进度管理工作策划中体现。

总体进度的确定是后续合同执行过程中评价进度管理的准则，没有总体进度计划作为基线计划，就无所谓进度滞后或是进度提前。具备条件的项目应针对关键工序、关键线路进行基于赢得值法的动态图表分析。

总体进度计划应针对项目执行核心工作，言简意赅，进度条目数不宜超过 300 条。

总体进度计划作为专项技术文件，由总承包项目部通过进度计划报审表上报监理单位、业主单位审批。

3. 专项进度计划

项目开工准备阶段，总承包项目生产经理根据基线进度计划组织编制商务推进计划、前期报批报建计划、外围政策处理计划等专项进度计划。这些计划基本属于政府主管部门和项目业主牵头完成的，是总包项目部根据项目施工进化倒排的计划，必要时上报监理、建设单位审批，防止后续进度考核过程中扯皮。

项目采购计划开始编制时，总承包项目采购经理组织编制设备材料采购计划，明确采购工作进度要求、设备材料设计和排产进度要求、设备材料发货到货进度要求，下发分包商/供货商执行。设备材料由承包商自行采购时，采购计划可由施工项目部编制后提交总包项目部，但施工单位提交的采购计划必须满足总体进度计划。

基线进度计划下发后，由勘察设计单位、施工项目经理部按照标段划分编制上报勘察设计专项进度计划、施工专项进度计划，该专项计划应包括资源配置计划，总承包项目生产经理审核上报的专项进度计划及资源配置情况是否满足基线进度计划的要求，必要时上报监理、建设单位审批。

专项进度计划的里程碑节点、关键线路等要求同总体进度计划一致。作为二级进度计划，进度条目数量可适当增加，但仍应遵循精简易用原则。

4. 阶段性进度计划

根据总承包项目部下发的总体进度计划，分包商/供货商编制年度进度计划并上报总承包项目部，由总承包项目生产经理审核，满足总进度计划后上报总承包项目经理审批，如执行周期较短可用总体进度计划代替年度进度计划。总承包项目部根据总体进度计划和分包商/供货商上报的年度进度计划，由项目生产经理组织编制项目年度进度计划，上报监理单位审批、建设单位备案。年度进度计划的里程碑节点、关键线路等要求同总体进度计划。总承包项目部编制的年度进度计划原则上应满足总体进度计划同时间段的进度安排；各分包商/供货商编制的年度进度计划应满足各专项进度计划同时间段的进度安排。

分包商/供货商在各自编制的月报中总结月生产情况，编制下月进度计划并上报总承包项目部。项目生产经理在总承包项目管理月报中编制项目月进度计划，作为项目月例会材料，并随项目管理月报后上报监理单位进行审批。各级月进度计划原则上以表格、图表表达为主。

分包商/供货商在各自编制的周报中总结周生产情况，编制下周进度计划并上报总承包项目部。项目生产经理在总承包项目管理周报中编制项目周进度计划，作为项目周例会材料，并随项目管理周报后上报监理单位备案。各级周进度计划原则上以表格、图表表达为主。

8.3.3　进度检查与考核

结合总承包项目对分包商/供货商的综合考核，总承包项目生产经理组织每周、每月检查分包商/供货商各项计划完成情况，并与总体进度计划、专项进度计划、阶段性进度计划和阶段重点进度管理工作策划成果进行对比，同时还需结合关键线路项目的进展状况，判断总体进度计划执行情况。

1. 周检查

总承包项目生产经理每周结合周例会、周报收集分包商/供货商的周进度计划完成情况，自行更新阶段重点进度管理工作策划，并在周例会上进行通报，将检查情况写入周例会会议纪要，如出现进度偏差，将纠偏措施以整改通知单形式下发分包商/供货商。

2. 月检查、分析及考核

由分包商/供货商通过月报上报月计划完成情况，总承包项目部生产经理组织对月度进度进行分项检查，进度检查指标结合进度考核指标设立。月度进度检查中，生产经理需重点对关键线路、关键外围边界的进度进行把控。总承包项目部将检查结果在月进度例会上进行通报，如出现进度偏差，将纠偏措施以整改通知单形式下发分包商/供货商执行。

总承包项目部根据月检查结果，由项目生产经理组织编写月度进度执行检查分析报告，进度分析内容合并编入月度综合考核报告（如有）、项目月报。总承包月检查分析报告主要内容有：①勘察、设计完成情况；②采购完成情况或比例；③施工进度计划当月完成比例；④影响因素分析；⑤偏差分析（赢得值法）及结论；⑥纠偏措施。

总承包项目生产经理牵头每月根据进度管理办法、综合考核办法中考核要求对涉及的分包商/供货商进行考核。考核结果及奖罚措施以项目部文件形式下发相关分包商/供货商，合并入对分包商/供货商的月度综合考核中，并另行下发进度奖罚通知单，奖罚通知单需同时提交一份给合同部。

8.3.4　工期变更和索赔

1. 项目业主提出工期变更

如果项目业主提出更改原工期计划或新增工作内容等要求，应取得项目业主下发的工期调整任务书或其他工期调整确认书面文件，如工期调整任务表。

2. 非总包原因工期变更申报审批

如出现总承包方以外因素导致工期需调整的，总承包生产经理牵头，根据合同变更程序进行计划工期的变更管理，并预测工期变更调整对费用、质量、安全、职业健康、环境

保护等的影响。

根据现场征拆等政策处理、基础资料提供、新增或变更工作范围、不可抗力因素等影响因素发生时或即将发生时，总承包项目生产经理或项目总工组织勘察、设计、施工项目经理部分析计算工期变更影响情况，在合同约定时限内出具工期变更申请报告或函件上报监理单位审核、建设单位审批。

总承包项目部对工期变更及索赔事件应进行跟踪，记录事件开始、进展、演变等过程，及时收集、签认支撑性材料，并编制索赔报告上报监理、建设单位审批。

3. 分包商/供货商提出的工期变更

总承包项目部审批分包商/供货商提交的工期变更申请，并汇总工期变更申请报告或函件上报监理单位审核、建设单位审批。如确实无法从上层合同中得到相应的工期顺延，则需采用赶工的方式追回工期，工程总承包项目部需结合赶工投入程度，争取赶工措施所需要的费用。

8.3.5　信息管理

总承包项目部根据公司、业主单位、监理单位要求，按时上报各类工作报表，组织召开、参加工作会议，信息录入项目管理信息系统。

1. 工作报表

施工项目经理部编制日报、周报、月报上报总承包项目部；设备材料供货商按需编制周报、月报上报总承包项目部；勘察设计代表编写项目设计管理月报上报总承包项目部。

总承包项目管理日志由进度管理人员编写，生产经理审查后按需上报监理、业主及公司分管领导（原则上日报仅发项目成员）。

总承包项目管理周报、月报由进度管理人员编写，生产经理审查后按需上报监理、业主及公司控制部归口。

年度工作总结及下年度工作计划由项目经理组织编写，形成总承包项目年度工作总结及下年度工作计划，由项目经理报分公司分管领导审批后上报公司，批准后执行。

2. 进度会议

总承包项目生产经理每周组织供货商/分包商召开周生产例会，进度管理人员记录并编写会议纪要，并下发相关供货商/分包商。每月最后一次例会为月生产例会。根据工程实际情况，周例会也可与监理例会结合进行。

总承包单位、勘察设计单位、施工单位每周参加监理单位组织的监理周例会，接收监理下发的监理例会会议纪要并落实相关要求。

3. 项目管理信息系统

总承包项目部进度管理人员每周、每月按照公司要求将周报、月报按时上传至项目管理信息系统。

8.4　进度管理策划组织

8.4.1　策划前的准备

项目经理在进度管理策划前，召集项目部进度控制相关人员，按进度管理策划的内容，结合项目组织实施模式，拟定工程总承包项目进度管理职责划分表，初步划分各参建单位的进度管理职责。

对于总分包模式，进度管理职责划分可以按照工程总承包单位、施工单位、勘察、设计单位、监理单位、建设单位等建设六方主体进行划分；对于松散型联合体模式，进度管理职责划分可以按照联合体牵头方（总包管理）、联合体成员方（施工）、联合体成员方（勘察、设计）、监理单位、建设单位等建设各方主体进行划分；对于紧密型联合体模式，进度管理职责划分可以按照工程总承包项目部、监理单位、建设单位等建设三方主体进行划分。

总分包模式下，进度管理职责划分如表 8-1 所示。

表 8-1　　　　　　　　　　工程总承包项目进度管理职责划分表

序号	管理模块	管理内容	EPC 总承包项目部	施工项目经理部	勘察、设计单位	监理单位	建设单位	备注
1	进度管理体系	组织机构建立	1. 在母体公司下发的《关于成立×××项目部及项目经理等主要人员任命的通知》的基础上由项目经理组织下发《关于成立×××项目部组织机构及主要人员任命的通知》建立组织机构并上报监理单位和建设单位审批。 2. 审核勘察、设计、施工项目经理部组织机构。 3. 将总承包项目部组织机构下发分包商/供货商	成立施工项目部，建立组织机构上报总承包项目部审核	成立勘察、设计项目部，建立组织机构上报总承包项目部	审核组织机构并上报建设单位审批	审批	
		制定岗位职责及部门工作职责	项目经理组织编制人员岗位职责及部门工作职责并进行宣贯	编制施工项目部人员岗位职责及部门工作职责	编制勘察、设计项目部人员岗位职责及部门工作职责			
		编制进度管理办法	1. 项目生产经理牵头组织编制进度管理办法并下发分包商/供货商，上报监理单位。 2. 审核分包商/供货商上报的进度管理制度	根据总承包项目部下发的进度管理办法编制施工项目部进度管理办法并上报总承包项目部	执行总承包项目部下发的管理办法	审核		备案
2	进度计划	重点进度影响分析及应对措施	项目经理组织分包商/供货商召开会议，对项目商务推进、政策处理、征拆影响、报批报建、勘察设计进度、施工资源投入、重要设备材料采购等因素进行分析，明确阶段性重点工作、重点边界条件、针对性控制措施、落实时间、责任人	参与会议共同梳理影响进度的关键因素，并提出针对性处理措施	参与会议共同梳理影响进度的关键因素，并提出针对性处理措施			

续表

序号	管理模块	管理内容	EPC 总承包项目部	施工项目经理部	勘察、设计单位	监理单位	建设单位	备注
2	进度计划	总体进度计划	总体进度计划由项目经理组织进行编制，总体进度计划应包括商务推进计划、前期报批报建计划、外围政策处理计划、勘察设计计划、设备材料采购计划、施工计划等项目执行关键节点。总体进度计划重点应明确各方交接时间节点，在合同签订或项目实际开工后 1 个月内上报监理单位、建设单位审批确认。批准后，作为项目整体基线计划，下发分包商/供货商执行	执行总承包项目部下发的总体进度计划	执行总承包项目部下发的总体进度计划	审批	审批	
		专项进度计划	1. 项目开工准备阶段，总承包项目生产经理根据基线进度计划组织编制商务推进计划、前期报批报建计划、外围政策处理计划等专项进度计划，必要时上报监理、建设单位审批。 2. 项目采购计划开始编制时，总承包项目采购经理组织编制设备采购计划，明确采购工作进度要求、设备材料设计和排产进度要求、设备材料发货到货进度要求，下发分包商/供货商执行。 3. 基线进度计划下发后，由勘察设计单位、施工项目经理部按照标段划分编制上报勘察设计专项进度计划、施工专项进度计划，该专项计划应包括资源配置计划，总承包项目生产经理审核上报的专项进度计划及资源配置情况是否满足基线进度计划的要求，必要时上报监理、建设单位审批	依据总包下发的基线进度计划编制施工、采购专项进度计划，上报总包项目部审核	依据总包下发的基线进度计划编制勘测设计专项进度计划，上报总包项目部审核	审批专项进度计划，上报建设单位审批	审批	
		阶段性进度计划	1. 总承包项目部根据总体进度计划和分包商/供货商上报的年度进度计划，由项目生产经理组织编制项目年度进度计划，上报监理单位审批，建设单位备案。 2. 项目生产经理按月编制项目月进度计划（项目管理月报），作为项目月例会材料，并进入项目管理月报后上报监理单位进行审批。 3. 分包商/供货商在各自编制的周报中总结周生产情况，编制下周进度计划并上报总承包项目部。项目生产经理在总承包项目管理周报中编制项目周进度计划，作为项目周例会材料，并随项目管理周报后上报监理单位备案	1. 根据总承包项目部下发的总体进度计划，编制施工年度进度计划并上报总承包项目部；如执行周期较短可用总体进度计划代替年度进度计划。 2. 根据批复的年度进度计划分解编制月进度计划并上报总承包项目部审核。 3. 根据月进度计划分解编制周进度计划并上报总承包项目部	1. 根据总承包项目部下发的总体进度计划，编制勘察、设计年度进度计划并上报总承包项目部；如执行周期较短可用总体进度计划代替年度进度计划。 2. 根据批复的年度进度计划分解编制月进度计划并上报总承包项目部审核。 3. 根据月进度计划分解编制周进度计划并上报总承包项目部	审批	备案	

序号	管理模块	管理内容	EPC 总承包项目部	施工项目经理部	勘察、设计单位	监理单位	建设单位	备注
3	进度检查与考核	周计划检查	总承包项目生产经理每周结合周例会、周报收集分包商/供货商的周进度计划完成情况，自行更新阶段重点进度管理工作策划，并在周例会上进行通报，将检查情况写入周例会会议纪要，如出现进度偏差，将纠偏措施以整改通知单形式下发分包商/供货商	1. 编制周计划完成情况上报总承包项目部。 2. 执行总承包下发的整改通知单	编制周计划完成情况上报总承包项目部			
		月检查及分析	1. 由分包商/供货商通过月报上报月计划完成情况，总承包项目部生产经理组织对月度进度进行分项检查，进度检查指标结合进度考核指标设立。月度进度检查中，生产经理需重点对关键线路、关键外围边界的进度进行管控。 2. 将检查结果以整改通知单的形式分包商/供货商。 3. 总承包项目部根据月检查结果，由项目生产经理组织编写月度进度执行检查分析报告，进度分析内容合并编入月度综合考核报告（如果有）、项目月报	执行总承包下发的整改通知单 执行总承包项目部下发的纠偏措施	执行总承包项目部下发的纠偏措施			
		进度考核	总承包项目生产经理牵头每月根据进度管理办法、综合考核办法中考核制度要求对涉及的分包商/供货商进行考核。考核结果及奖罚措施以项目部文件下发相关分包商/供货商，合并入对分包商/供货商的月度综合考核中	执行总承包项目部下发的考核结果及奖罚措施				
4	工期变更及索赔	变更索赔审核	1. 如果项目业主提出更改原工期计划或新增工作内容等要求，应取得项目业主下发的工期调整任务书或其他工期调整确认文件，如工期调整任务表。 2. 如出现总承包方以外因素导致工期需调整的，总承包生产经理牵头根据合同变更程序进行计划工期的变更管理，并预测工期变更调整对费用、质量、安全、职业健康、环境保护等的影响。 （1）根据现场征拆等政策处理、基础资料提供、新增或变更工作范围、不可抗力因素等影响因素发生时或即将发生时，总承包项目总工或项目生产经理组织勘察、设计、施工项目经理部分析计算工期变更影响情况，在合同约定时限内出具工期变更申请报告或函件上报监理单位审核、建设单位审批。		审核	审批		

序号	管理模块	管理内容	EPC 总承包项目部	施工项目经理部	勘察、设计单位	监理单位	建设单位	备注
4	工期变更及索赔	变更索赔审核	（2）总承包项目部对工期变更及索赔事件应进行跟踪，记录事件开始、进展、演变等过程，及时收集、签认支撑性材料，并编制索赔报告上报监理、建设单位审批。 3. 总承包项目部审批由于分包商/供货商提交的工期变更申请，并应争取据此汇总上报工期变更申请报告或函件上报监理单位审核、建设单位审批。如确实无法从上层合同中得到相应的工期顺延，采用赶工的方式追回工期，工程总承包项目部需解决赶工措施所需要的费用	施工项目经理部对征拆、设计方案调整、不可抗力、分包合同等影响因素进行分析计算出工期变更时间，出具工期变更申请在合同约定时限内上报总承包项目部		审核	审批	
5	信息管理	工作报表	1. 由进度管理人员编写项目管理日志经生产经理审核后按需上报监理、业主及公司分管领导。 2. 由进度管理人员编写项目管理周报、月报经生产经理审查后按需上报监理、业主及公司分管领导。 3. 年度工作总结及下年度工作计划由项目经理组织编写，公司分管领导审批后上报公司，批准后执行	施工项目经理部编制日报、周报、月报上报总承包项目部	设计单位编制项目设计管理周报、月报上报总承包项目部	1. 审核总承包项目部上报的施工周报。 2. 编写监理周报、月报上报建设单位，下发总承包项目部	备案	
		进度会议	1. 项目生产经理每周组织供货商/分包商召开周生产例会，进度管理人员记录并编写会议纪要，并下发相关供货商/分包商。每月最后一次例会作为月生产。 2. 参加监理例会，接收监理下发的监理例会会议纪要	1. 参加总承包项目部周例会、月生产例会。 2. 召开项目内部生产例会。 3. 参加监理例会	1. 参加总承包项目部周例会、月例会会议。 2. 参加监理例会	组织监理周例会	参加监理例会	
		项目管理信息系统	总承包项目部进度管理人员每周、每月按照公司要求将周报、月报按时上传至项目管理信息系统					

8.4.2　策划过程

　　工程项目进度管理策划以工程总承包合同为依据，以有关法律法规、规程规范的要求为准绳，针对项目部拟定的工程总承包项目进度管理职责划分表，讨论确定各参建单位的进度管理管理职责，尤其是工程总承包合同范围内各参建方的进度管理职责，明确各级进度计划的编制、审核、批准的责任主体，使得工程总承包合同义务中原则性约定可以分解到总承包管理、设计管理、采购管理、施工管理等不同角色的管理职责，将进度管理的法律责任、合同义务作充分的分解、细化，保证各方在履约过程中能充分履约。

进度管理策划中对项目部编制的项目总体进度计划（基线计划初稿）进行讨论，确认总体进度计划的主要节点是否符合工程总合同的约定，以及需要项目业主提供的合同条件与工程总承包合同的吻合性和各项可能的假设条件的合理性，即与项目业主沟通后假设条件的可执行程度，确认项目部分解的各标段的合同工期的开始时间、结束时间与总体进度计划的吻合性，以及各标段之间工作面交接的逻辑合理性。

项目部制定各分标合同工期提前实现的合理性，在可能的情况下提前完成所有合同工作内容，提高生产效率，减少管理费用，同时也为总工期保留必要的冗余量，保证合同总工期的顺利实现。

必要时，项目部应将策划后形成的进度管理职责划分表上报项目业主或监理单位，讨论并建立工程建设进度管理的工作机制，使进度管理活动的实施、检查、督促等责任主体得以明确，也可以作为责任追究的依据。

8.5 基线进度计划

8.5.1 项目总体进度计划

根据合同中的工程建设里程碑计划（一级计划）确定项目总体进度计划（二级计划），用以控制工程设计、采购、施工和试运行过程中的主要控制点。设计主要控制点包括关键设计文件提交、长周期设备及关键设备材料采购招标文件发布等时间节点；采购控制点一般包括长周期设备及关键设备材料合同签订、厂商资料返回、设备到场和材料到场等时间节点；施工主要控制点一般包括施工分包合同签订、土建施工、设备安装、管道安装、电气安装、仪表安装、水暖安装、系统吹扫试压和单机试车等时间节点；试运行主要控制点一般包括试运行分包合同签订、培训和试运行资料到位等时间节点。同时，在编制项目总体进度时需明确外部条件提供的时间节点，即与业主相关的界面交接的时间节点。

8.5.2 基线进度计划编制的条件

基线进度计划实质上是第一版工程总承包项目总体进度计划，是在工程总承包合同生效后，依据合同中约定的合同双方的合同责任和义务，将合同范围内工程总承包方负责的各项工作内容按一定的颗粒度以枚举的方式进行罗列，并将项目业主应提供的各项边界条件按合同约定的时间列入进度计划，对未明确具体提供时间的采用假设的方式列入进度计划。

工程总承包合同一旦生效，项目部即可以安排专业工程师进行基线进度计划的编制，不应以项目业主未按合同约定提供某项合同边界条件为理由推迟进度计划的编制。

项目部在合同签订后或合同边界基本明确后，即开始编制总体进度计划的基线进度计划，避免双方基于某些细节变化而导致总体进度计划总是无法确定，或是因缺乏具体的约束节点导致双方在推进过程中没有明确的短期目标。

基线进度的确定是后续合同执行过程中评价进度管理的准则，没有基线进度计划，就无所谓进度滞后或是进度提前。

8.5.3 基线进度计划的作用

基线进度计划是基于工程总承包合同，明确各项工作内容的起讫时间，确定合同双方需要交接的各项工作移交时间，并经合同双方同意的总体性进度计划。其作用是对合同约定的工作内容的执行时段的细化，是控制各项工作推进，尤其是关键线路上各项工作推进的依据，也是合同双方履约合同义务，尤其是项目业主履约合同义务的时间控制计划，提醒项目业主在基线进度计划确定的时间节点提交工作条件或移交工作界面。

基线进度计划是记录、评价合同双方履行合同义务时是否符合合同约定的参照系，是计算合同工期顺延或延误的基准点，为合同履约过程中计算实际合同工期提供基础，也为合同管理方面工期索赔、费用索赔提供直接的证据。

基线进度计划是合同执行过程中总体性进度计划更新迭代的起点。合同执行过程中由于项目业主未能按合同约定或进度计划中的假定提供工作条件或移交工作面，或者由于工程总承包商的自身管理的原因导致工程延误，或者其他的外部原因，原有的总体进度计划发生较大的偏离，已失去作为控制依据的意义，经合同双方协商同意后，对基线进度计划进行变更，并记录工期变更导致的原因。

基线进度计划是拟定赶工措施、计算赶工费用的基础。项目业主往往对工程建设有一个绝对完工时间的要求，而执行过程中又往往不能完成按合同约定或基线进度计划确定的时间提供边界条件，工程总承包方必然在合同履约过程中采取赶工措施，以基线进度计划为基准，计算应由项目业主承担费用的赶工措施，确保项目业主期望的完工日期能够得到实现，为合同双方在赶工措施、赶工费用协商过程提供证据。

8.5.4　基线进度计划的编制与审批

工程总承包合同生效后，项目部应组织进度管理工程师，会同其他专业工程师，基于工程总承包合同的约定里程碑计划（一级进度计划），将合同范围内的所有工作内容作为编制对象，依据工程建设工期管理相关规程规范的要求，以及上一阶段工程建设进度计划的安排，编制工程总承包项目总体进度计划（二级进度计划），将合同中已经明确约定的项目业主提供的各项边界条件作为相应合同工作开展的前置条件列入进度计划，对合同未明确具体提供时间，但确由项目业主履行，同时是合同工作内容开展的前置条件的合同义务，采用假设的方式初拟提供时间，列入进度计划。

进度管理工程师编制完成总体进度计划后，应由项目部内各二级部门进行会签，提出修改意见或建议，然后由其他主管工程师、部门主任或分管领导，复核与一级进度计划的衔接、各项主要工作进度计划的合规性及对项目业主提供条件假设的合理性。

项目部完成复核后，由项目总工程师或项目经理审查，确认上报监理单位或项目业主的总体性进度计划，并就对下各标段项目的合同工期提出初步的压缩意见，由主管工程师组织其他人员论证各标段项目合同工期的合理性。

经项目部审查批准后的总体性进度计划，由项目部以正式文件形式上报监理单位或项目业主，并就进度计划的编制进行汇报，以取得监理单位或项目业主的批准，经监理单位或项目业主批准的第一版总体性进度计划即为项目的基线进度计划。

8.5.5　关键线路及次关键线路

在设计、采购、施工和试运行的各分项进度计划编制完成后（如果是分包则由分包商负责编制），项目部对照总体进度计划，汇总为详细控制计划（三级计划）并审核批准。

基于详细控制计划，计算项目关键线路和次关键线路，确定项目部进度管理的重点部位。

8.6 实施过程监控策划

8.6.1 过程监控方式

审核发布每周、每月工作计划，每月检查各项计划完成情况，并与详细控制计划进行对比，确定项目关键线路项目的进展状况，得出总体进度计划滞后或超前的结论，对于次关键线路或其他部位的进展，也采取定期或不定期的对比分析，预防次关键线路滞后转变为关键线路，导致项目关键线路的变动。

当然关键线路上的项目出现滞后时，从"人、机、料、法、环、测"等六个因素进行分析，寻找产生滞后的原因，并分析该项原因产生的深层次因素，根据不同的管理要素制定相应的纠偏措施，需总包内部采取措施的以指令的形式下达纠偏指令，需施工承包商采取措施的通过会议、文件、约谈等方式责令施工承包商采取措施，措施不力时采取约谈后方总部、转移支付、动用违约罚则等手段强化纠偏措施，确保滞后的项目能够在计划的时间内将进度赶回来。

8.6.2 业主提供条件确认

工程总承包项目部应重点关注工程总承包合同中约定的由业主提供的项目工作条件是否按工程总体进度计划（基线进度计划）拟定的时间节点按时提供，对提供的及时性、完整性作出全面的记录，并反馈给业主。

工程总承包项目部定期梳理业主提供条件与计划的偏差，分析可能造成的后果和对总进度计划的影响，必要时向监理机构或业主提出工期顺延和费用增加的报告。

8.6.3 工作面交接管理

项目部重点对移交工作面的进度进行管控，一方面对业主提供的合同边界条件是否符合业主批准的总体进度计划作出判断，另一方面对涉及不同分包人的成果移交、工作面移交等交接是否按总体进度计划进行推进，全面记录各分包人工作面移交的时间、移交的内容。

工程总承包项目部定期梳理工作面移交与计划的偏差，对不属于工程总承包合同范围内的分包人移交工作面滞后或不完整，分析可能造成的后果和对总进度计划的影响，必要时向监理机构或业主提出工期顺延和费用增加的报告，对于工程总承包合同范围内的分包人移交工作面与计划出现偏差，分析各分包人提出工期顺延或费用补偿的可能性及额度，依据分包合同的约定提出解决方案，拟定纠偏措施。

8.6.4 检查、比较、分析、纠偏

每月检查详细进度计划（三级进度）完成情况，并与基线进度进行对比，发现关键线路和次关键线路上的工作项目的进展情况，从"人、机、料、法、环、测"等六个方面进行分析，确认引起进度偏差的原因，并拟定采取的措施，下达给相应的分包人，采取纠偏措施，确保后续的工作能够回到基线进度计划上来。

8.6.5　进度执行报告

项目部每季度或每半年发布一次进度执行报告。进度执行报告可以和管理月报等合并编写。当进度出现较大偏离时，应单独编制进度纠偏报告，拟定纠偏措施。

8.6.6　进度变更管理

根据合同变更程序进行计划工期的变更管理，调整基线进度计划，并预测工期变更调整对费用、质量、安全、职业健康、环境保护等的影响。

第9章 技术管理策划

9.1 技术管理的概念

此处所指的技术管理（technical management）是指对项目的技术资源与技术活动进行计划、组织、协调和控制的过程，不包括项目实施过程中设计图纸交底、各级技术交底、施工组织设计编制、审批，单项工程技术措施（方案）编制、审批、技术复核等履约过程中必需的施工技术方法管理方面的内容。

技术资源包括工艺技术、工程设计技术、采购技术、施工（管理）技术、试运行（服务）技术、项目管理技术以及其他为实现项目目标所需的各种技术。其核心是专有技术和专利技术。技术活动包括项目技术的开发、引进，技术标准的采用和技术方案的确定等。

9.2 技术管理策划的作用

通过技术管理策划，了解公司现有的工艺技术、工程设计技术、采购技术、施工（管理）技术、试运行（服务）技术、项目管理技术等方面的专利技术和专有技术。结合工程特点，梳理公司现有专利技术与专有技术对项目的适用性，并初步选择拟应用于本项目的技术清单。

通过技术管理策划，评估基于工程总承包合同约定以及拟定的技术目标实现的方法、路线、技术手段，确定公司现有的专利技术和专有技术是否能够满足要求，为是否需要引进外部新技术、外部专利技术或者自主开发新技术、专利技术的决策提供依据。

通过技术管理策划，拟定需要技术引进的外部新技术、外部专利技术对象，为项目部下一阶段开展技术引进活动提供指引。

通过技术管理策划，确定自主开发的新技术，拟定技术创新方向、路线，为项目部下一阶段开展科研创新活动明确方向。

9.3 应用新技术的原则

在项目管理过程中应用新技术（包括开发和引进的新工艺技术、工程技术和管理技术）要遵循安全性、经济性和先进性的原则。

（1）安全性：项目在拟定引进新工艺技术、工程技术和管理技术时，应对拟引进的新技术进行安全性评估，搜集类似工程有无应用该技术的先例，搜集应用该技术的已成功实施的项目有无因该技术的应用而导致安全生产事故，最终决策是否引进该项新技术。

（2）经济性：项目在拟定引进新工艺技术、工程技术和管理技术时，应对拟引进的新技术进行经济性评估，评估采用该技术对工程项目实施所产生的经济影响，如果导致工程成本上升、管理费投入增加时，应评估应用新技术所产生工程本质安全保障、工程质量提升、工期提前所创造的社会效益和经济效益是否足以弥补应用该项新技术所产生的工程成本上升、管理费投入增加，最终决策是否应用该项新技术。

（3）先进性：项目在拟定引进新工艺技术、工程技术和管理技术时，应对拟引进的新技术进行先进性评估，确认该技术在当前仍处于领先地位，具有先进性，最终决策是否引进该项新技术。

9.4 技术管理策划的内容

在技术目标拟定时，从项目管理、设计、采购、施工、运行等方面提出了若干项目标。在技术管理策划时，需针对上述各项技术目标，制定实现目标拟采取的技术措施，并明确获取该项技术的方式、途径、成本。

对拟定应用的技术在项目上应用的范围、深度进行策划，使之与项目履约实际需求相结合，以技术应用为履约护航。

初步拟定项目履约过程中拟开展的业务建设、标准化建设内容，为项目部有计划开展业务建设、标准化建设提供指导。

第 10 章　工程经济与合同管理策划

工程合同管理是指项目建设相关各方依据法律和行政法规、规章制度，采取法律的、行政的手段，对建设工程合同关系进行组织、指导、协调及监督，保护工程合同当事人的合法权益，处理工程合同纠纷，防止和制裁违法行为，保证工程合同的贯彻实施等一系列活动。

工程合同管理从合同订立之前就已经开始，直至合同履行完毕，主要包括合同订立阶段的管理和合同履行阶段的管理两个方面。本章讨论的工程经济与合同管理主要针对履约阶段的合同管理。

10.1　合同管理的意义

合同管理是建设项目管理的核心，加强合同管理是进行有效项目管理的需要。任何建筑工程项目的实施都是以签订系列承发包合同为前提的，忽视了合同管理就意味着无法对工程质量、工程进度、工程费用进行有效控制，更无法谈及对人力资源、工作沟通、工程风险等进行综合管理。只有抓住合同管理这个核心，才可能统筹调控整个建筑工程项目的运行状态，实现建设目标。

加强合同管理是规范各建设主体行为的需要。建筑工程项目合同界定了建设主体各方的基本权利与义务关系，是建设主体各方履行义务、享有权利的法律基础，同时也是正确处理建筑工程项目实施过程当中出现的各种争执与纠纷的法律依据。纵观我国建筑市场的经济活动及交易行为，所出现的诚信危机、不正当竞争多与建设主体法制观念淡薄及合同管理意识薄弱有关。加强合同管理，促使建设主体各方按照合同约定履行义务并处理所出现的争执与纠纷，能够起到规范建设主体行为的积极作用，对整顿我国的建筑市场起到了促进作用。

加强合同管理是增强企业竞争力的需要。至今，随着建筑市场对外的全面开放，外部的挑战越来越严峻，这就需要我们，深化改革，与国际接轨，不断地完善和超越自我。

加强合同管理是我国迎接国际竞争的需要。至今，我国建筑市场已全面开放，面对来自国外建筑企业的冲击与挑战，就必须适应国际市场规则、遵循国际惯例。只有加强和完善合同管理工作，为建筑企业在对内对外的竞争中增加了有利的砝码，促进企业占领市场，扩大自身生存、发展空间。

10.2　合同管理策划

10.2.1　工程总承包合同分解

项目部在工程总承包合同基本定稿后，对总包合同的范围、内容、主要条款等合同责任进行分解，采用摘录或提炼合同条件的方式编制合同责任明细的目标，分析风险，制定对策措施，明确责任部门或责任人，编制完成总承包合同分解表，示例详见表 10－1。

表 10－1　　　　　　　　　　　　总 承 包 合 同 分 解 表

合同名称			编　制		日　期	
分解部门			批　准		日　期	
序号	合同责任明细	目标（摘录提炼合同条件）	风险分析及对策措施	责任部门/责任人	参考指标
一	第一部分　合同协议书				
1	工程承包范围				
2	工程承包工作内容				
3	工期要求				
4	质量标准要求				
5	合同总价及币种				
二	第二部分　通用条款				
三	第三部分　专用条件				
1	第 1 条　一般规定				
1.1					
1.2					
2	第 2 条　发包人				
2.3					
3	第 3 条　监理人				
3.1					
4	第 4 条　承包人				
4.1					
4.3					
4.5					
4.12					
5	第 5 条　设计				
5.5					
6	第 6 条　材料和设备				
6.1					
11	第 11 条　开始工作和竣工				
11.3					
11.5					
13	第 13 条　工程质量				
13.4					

序号	合同责任明细	目标（摘录提炼合同条件）	风险分析及对策措施	责任部门/责任人	参考指标
15	第15条　变更				
15.1					
15.2					
16	第16条　价格调整				
16.1					
17	第17条　合同价格与支付				
17.1	合同价格				
17.2					
17.3					
18	第18条　竣工试验和竣工验收				
17.1					
19	第19条　缺陷责任与保修责任				
19.1					
22	第22条　违约				
22.1					
22.2					

注　上述分解表仅仅是某一项目的具体分解，供参考。项目部需结合合同要求及项目特点，按上述格式调整分解表。

合同策划时，针对项目部编制的总包合同分解表，讨论风险分析的准确性和对策措施的可行性。

10.2.2　组价原则、依据、流程

项目部应对合同中约定的组价原则、组价依据充分了解，收集相关资料，尤其是采用费率结算的合同。项目部根据合同约定，梳理组价流程，并与相关单位确认，初步建立工作机制，保证后续按流程顺利推进。

策划时对项目部收集的有关组价原则、依据文件的准确性、完整性、有效性进行探讨，对合同中约定的相关条款进行研读，确保对合同条款理解的一致性和准确性。对初步构建的工作机制进行分析，保证其实施的简捷、有效。

10.3　采购管理策划

10.3.1　分标规划

项目部结合工程规模、特点，以及经营阶段的承诺，合理编制分标规划，分标规划可以单独编制，也可以与采购计划合并编写。

10.3.2　采购管理计划

项目部根据项目建设所需要采购的设备、材料、物资，按分标规划及税务筹划，确定由项目部负责采购的设备、材料、物资清单和由分包人负责采购的设备、材料、物资清单，初步拟定管理方式、措施，为后续编制项目采购管理计划提供输入。

10.3.3　采购计划

由项目部负责采购的工程、设备、材料、物资、技术、咨询等，需编制采购计划，用以指导采购工程师编写各个采购标的的采购方案。

10.3.4　采购方案

项目部应在采购计划得到批准后，在每一个采购标点启动采购活动前，编写采购方案，用以具体指导采购工程师开展采购活动。

10.3.5　采购管理策划组织

采购管理策划时，对项目部拟定分标规划的合理性、采购标的范围设置的经济性进行评价，对采购管理计划拟定的采购管理范围、管理方式、措施等进行讨论，以确定后续编制采购管理计划的输入。

了解项目管理人员对公司现有制度关于采购计划、采购方案编制要求的理解熟悉程度，确保采购工程师履约期间能够及时、准确、有效地开展各项采购活动。

10.4　工程经济策划

10.4.1　成本管理策划

项目成本管理策划是一个系统工程，要求成本管理人员具有成本管理、设计、采购、施工等综合素质。具体而言，成本管理策划是指在履约初期，在设计工作开始之前，成本管理人员站在企业发展战略的高度，根据项目的定位及成本总控目标，整体分析、规划项目在设计、采购、施工等各个环节的成本配置，提出成本管理策略。

成本管理策划主要解决的是限额下的经营目标是否可以实现，如何实现，以及经营目标不同下的成本限额需求问题，提出成本控制策略与要点。

1. 项目成本管理目标

项目成本管理的基本目标是合规、合理、有序。合规指成本管理应符合制度要求，透明、规范，杜绝"黑箱操作"，摒弃个人利益的存在。合理即产品成本能提升顾客价值，带来经济收益，无重大成本浪费，控制、减少无效成本的发生。有序则要求可研成本测算，目标成本、动态成本与结算成本相互印证并大体一致，公司对成本的发生具有较强的事前控制能力。对于具体项目而言，除上述基本目标外，还应有一系列项目密切相关的具体目标，如目标成本和可研成本变动率控制水平、目标成本变动率控制目标、无效成本控制指标等。

2. 主要步骤

（1）了解业主需求，弄清项目最终要达到的目标。成本管理策划之前，首先需要明确项目业主对项目的要求，以及最终希望达到一个怎的目标，也即弄清这个项目的边界条件，总投资额多少，达成怎么的效果和目标。

（2）对同类产品成本案例进行调查分析。通过项目所在地的实地调查与分析，以及数据库同类项目资料的收集整理，对同类项目进行分析比较，并参考其成本造价数据，按照重置成本法进行成本分析，明确项目总价、单位工程合价、单项工程单价以及成本投放重点等信息。

（3）提出成本配置及成本管理建议。根据规划指标、设计规范、成本配置建议等，梳理出来项目的基本功能，并结合投资总额，提出成本投资的侧重点等成本配置建议。

成本配置要结合客户的需求，了解把握客户需求也是成本控制的基础，在成本总目标基础上，充分满足客户的需求作为基本出发点，即要清楚地知道客户的需求是什么，进而把那些可有可无的东西坚决去掉，对于那些客户很关注的东西要坚决做到最好。

（4）提出成本管理策略建议。成本管理策略建议也即实现项目目标的手段，是根据项目的定位及成本总控制目标、成本配置建议，从整体上对设计、采购、施工等提出成本管理策略。

3. 成本控制体系

在成本管理策划时，确定构建项目总预算、分标最高限价、分标预算价、分标合同签约价的价格控制体系，并确保前一项大于等于后一项；在拟定合同条款时保持总包合同与分包合同在合同条件、风险承担的连续衔接。

（1）项目预算。依据工程总合同及经营阶段的工程估算，编制项目预算，项目预算应满足项目责任书中确定的各项目标。结合分标规划，编制各标段的预算。对于审定预算下浮率合同，项目预算可以简化为项目管理费预算。

（2）招标控制价和招标预算。采用分包模式的，依据批准的项目预算、分标规划，编制招标控制价，用于指导各标段招标活动。以招标控制价为基础，结合项目所在地实际和公司项目成本数据库，编制招标预算，以便在评标时评价投标人的报价，避免不合理的低于成本价的投标，指导评标活动，实现合同签约价低于招标控制价，招标控制价低于项目预算。

（3）项目成本计划。采用自营模式的，依据批准的项目预算、工作结构分解和项目进度计划（三级计划）编制项目成本计划（项目执行预算），使成本计划细分至每一个工作包。

4. 履约成本策划

以合同总额和经营阶段确定的利润目标为边界，结合项目履约方式，按自营成本、分包成本、经营费用、管理费用、财务费用、其他费用、利润等测算成本和利润，并与经营阶段编制的项目可行性研究报告中成本利润测算的符合性进行复核，对合同范围内费用平衡进行合理性评估。

10.4.2　财务管理策划

1. 资金管理目标

项目部应在项目前期或各分阶段前提出用于支持项目启动和运作的资金数额，为明确项目资金筹措规模提供依据。

依据工程总承包合同，项目部将可收入的工程预付款、进度款、分期和最终结算、保留金回收以及其他收入款项，分阶段明确资金收入目标。

依据各分包合同、采购合同，项目部应编制项目实施过程中由项目承包人支出的各项费用所形成的资金支出目标。

2. 资金需求计划

项目部应依据总包合同和分包合同，以及自营部分的费用计划编制项目资金需求计划。资金使用一般包括前期费用、临时工程费用、人员费用、工机具费用、永久工程设备材料费用、施工安装费用和其他费用等；资金收入一般包括合同约定的预付款、工程进度款（期中付款）、最终结算付款和保留金回收等。

3. 现金流计划

项目部应依据总包合同和分包合同的结算条款，以及项目建设管理费开支计划、编制项目现金流计划，并与经营阶段编制的现金流计划进行对比，分析其偏离的程度和原因。

4. 财务管理策划重点

对于非垫资项目，财务管理策划时，主要评价现金流是否满足公司相关管理要求，对不满足要求的，提出修正的建议，确实无法修正至满足管理制度要求的，提醒项目部按特殊情形履行签报流程。

对于垫资项目，财务管理策划时，主要评价垫资额度的峰值是否低于经营阶段决策的垫资限额，并提出降低垫资额度的建议。

第11章 HSE 管理策划

职业健康、安全与环境管理体系（简称"HSE 管理体系"）是指实施职业健康、安全与环境管理的组织机构、策划活动、职责、制度、程序、过程和资源等构成的动态管理系统。HSE 管理体系由若干要素构成，遵循闭环管理的运行模式，要素间相互关联、相互作用，通过实施风险管理，采取有效的预防、控制和应急措施，以减少可能引起的人员伤害、财产损失和环境污染，最终实现公司的 HSE 方针和目标。

HSE 管理体系相对于传统的安全管理，更注重系统管理与过程控制相结合，突出现代企业管理的科学性和系统性；更注重文化引导和制度规范相结合，突出现代社会人文精神；更注重风险防范和应急处理相结合，突出全过程、全方位控制；更注重业绩评估和持续改进相结合，突出过程监控和自我完善机制；更注重职业健康、安全与环境管理相结合，突出系统化、一体化要求。

对于工程总承包项目而言，在设计、采购、施工的任何一个环节，稍有不慎和疏忽就有可能形成以后的安全隐患。HSE 管理的好坏更直接影响参建人员的健康和安全，这些人员既包括公司员工，更包括大量施工项目经理部的人员和相关方的人员。

一个工程总承包项目的 HSE 管理基本上分为四阶段，即策划、实施、检查、改进。HSE 管理策划是指根据各种输入信息对项目 HSE 管理的策略、方案进行规划，为实施提供框架和基础。HSE 管理策划确定了项目执行过程中的管理思路和管理模式，是 HSE 管理过程中最重要的一个阶段。

11.1 HSE 管理策划的目的

HSE 管理策划的目的是通过全面辨识和科学评价履约过程中的职业健康风险、安全风险、环境风险，以科学的策划实现项目履约过程对职业健康安全风险和环境风险的预控和防范，持续提高风险管控水平，增强职业健康安全管理和环境管理的系统性和合规性，从源头上遏制事故的发生，确保 HSE 管理目标的实现。

11.2 HSE 管理策划的作用

通过工程总承包项目的 HSE 管理策划，帮助项目管理人员更加深入地理解公司 HSE 管理体系，掌握公司在 HSE 管理方面对项目执行过程中的具体要求，指导项目部建立符合公司管理制度要求的项目 HSE 管理体系。

通过工程总承包项目 HSE 管理策划，实现项目 HSE 管理的标准化，避免项目管理人员个人因素对整体管理水平的影响，提高公司所属的工程总承包项目 HSE 管理的水平，确保公司安全生产标准化自评价达到一级标准。

通过工程总承包项目 HSE 管理策划，将项目执行条件作为策划的管理输入，指导项目部更好地编制 HSE 管理计划或 HSE 实施方案，保证 HSE 管理计划在项目履约过程中对 HSE 管理的符合性、指导性、可实施性。

11.3　HSE 管理策划的内容

工程总承包项目 HSE 管理策划的内容包括安全生产管理要求整理、安全生产管理体系建设、安全管控要点三大方面的内容。

11.3.1　安全生产管理要求整理

为满足国家法律法规和规程规范的要求，实现工程总承包合同中的 HSE 管理目标。在项目开工前，总承包项目部安全总监组织对本项目的安全管理要求进行整理。对象包括法律法规、规程规范、合同文件。

项目部在公司发布的法律法规、规程规范行业通用清单基础上筛选适用条款，重点收集项目所在地的法律法规、规程规范要求。此外，还要对合同文件、设计文件中的要求进行解读，把要求纳入项目 HSE 管理的要求，特别是环境影响评价报告和审查意见中列出的环境影响因素作为编制 HSE 管理计划的输入条件。

1. 国家、行业、上级行政主管部门、企业文件收集及处理

总承包项目部安全总监在公司下发的安全相关法律法规清单和按行业下发安全相关规程规范清单基础上挑选适用本项目的条目，组织收集适用项目的地方性安全相关法律法规、行业规程规范。

项目开工前，总承包项目部安全总监根据上一条的工作成果，组织编制项目部安全相关法律法规清单和行业规程规范清单，并下发项目各部门和施工项目经理部，安全总监组织对总承包项目部内部的安全管理人员培训宣贯并留下记录。

2. 上级来文收集及处理

项目实施期间由项目文控工程师负责对政府主管部门、公司、建设单位、监理单位发送的文件进行流转、闭环、归档工作。

根据文件的内容和具体要求，项目经理应在文件处理单中确认对该文件的处理方式（传阅、组织专题会部署或直接指定责任人落实工作）；项目经理不能简单一"阅"了之或"请某某阅处"处理，应写明具体的落实意见。

按照项目经理对文件的批复意见，需要传阅的文件，由项目文控工程师组织项目部相关人员进行传阅，相关人员在文件处理单上留下传阅记录。

对指定责任人落实工作类文件，该责任人应严格按照文件内容开展工作，在文件处理单上写明工作开展情况，并按时上报符合文件要求的工作成果，工作成果的原件或复印件交由文控工程师附在文件处理单后面，形成完整的文件闭环记录。

需组织专题会部署的，一般由项目经理、安全总监主持会议，可结合项目的日常工作会议开展工作，但专题会的会议纪要单独编写，会议纪要中应写明宣贯文件的名称和要点，以及工作落实的具体措施布置情况。专题会会议纪要、工作落实布置情况或工作执行

记录交由文控工程师附在文件处理单上，形成完整的文件闭环记录。

3. 合同及设计文件、施工方案中安全要求收集及处理

项目开工前，安全总监对合同文件中安全要求进行解读，向总承包项目的相关人员进行交底，并在分包合同交底时施工项目经理部进行要求。

总承包项目设总/技术负责人组织设计人员编制本工程安全技术要求（可在施工图纸设计说明中明确），向总承包管理人员及施工项目经理部进行交底。

11.3.2　安全生产管理体系建设

安全生产管理体系建设主要包括安全生产管理人员的配备、安全管理机构的设置、安全管理职责的分配和安全管理要求的提出、安全责任的分解，以及集团公司要求的四个责任体系建设。此项工作要重点关注施工项目经理部安全管理人员持证上岗的合规性，以及人员是否现场到位。

1. 项目部安全生产管理人员的配备

总承包项目部需配备安全总监，安全总监至少经院 HSE 培训认证。

施工项目经理部按《建筑施工企业安全生产管理机构设置及专职安全生产管理人员配备办法》配备足够的专职安全管理人员。施工项目经理部的专职安全管理人员台账以及其资格证书上报总承包项目部。

项目开工前，总承包项目安全总监负责建立并动态更新项目三类人员台账，台账应包含项目部、施工项目经理部的安全管理人员以及其资格证书的详细信息，并上报监理单位审批、建设单位备案。

2. 四个责任体系

总承包项目经理负责组建四个责任体系，签发四个责任体系成立文件。四个责任体系成立文件由文控工程师下发至施工项目经理部。

责任体系责任人不允许交叉（配置 4 人）。四个责任体系为安全行政管理体系、安全生产实施体系、安全技术支撑体系、安全监督管理体系。

工程总承包项目构建四个责任体系时应将施工项目经理部的相关人员纳入总承包项目的四个责任体系。

3. 安全生产委员会

总承包项目经理负责组织组建安全生产委员会，签发安全生产委员会成立文件，明确安全生产委员会职责，建立安全生产委员会工作规则。安全生产委员会成立文件由文控工程师下发至施工项目经理部，并上报监理单位审批、建设单位备案。

安全生产委员会（以下简称"安委会"）作为项目部安全管理工作最高机构，安委会主任由项目经理担任，副主任由安全总监、分管生产的项目副经理和总工程师（或技术负责人）担任，成员应包含班子成员、各部门主任、施工项目经理部主要负责人等。

4. HSE 责任书

总承包项目安全总监组织项目部内部层层签署 HSE 责任书，总承包项目经理与项目班子成员、各部门主任、施工项目经理部项目负责人签订；部门主任与部门成员签订。

施工项目部内部的 HSE 责任书由施工项目部按逐层签署的方式签署 HSE 责任书，总承包项目部在 HSE 管理内业检查时抽查施工项目部的 HSE 责任书签署落实情况。

5. HSE 管理协议

总承包单位与各施工单位签署 HSE 管理协议。HSE 管理协议作为分包合同附件，是分包合同的组成部分。

6. HSE 管理制度

项目开工前，总承包项目部项目经理/安全总监负责组织编制总承包项目安全生产管理制度，并上报监理审核，建设单位备案。

施工项目部编制自身的安全管理制度并上报总承包项目部，总承包项目部安全总监负责审批施工项目部上报的安全管理制度。

11.3.3　安全管控要点

11.3.3.1　HSE 计划管理

HSE 计划分为两部分：①项目总体的 HSE 管理计划，也就是公司要求的 HSE 实施方案，提出项目全周期的 HSE 管理工作计划和对高风险作业的管理思路；②年度 HSE 计划，根据本年度项目的施工内容，针对性编写本年度的 HSE 工作重点和工作计划。项目部按计划内容实施是整个工作的核心要求。

1. HSE 实施方案

项目开工前，由总承包项目部安全总监组织编制 HSE 实施方案。实施方案内容包括但不限于项目概况、HSE 管理目标、危险因素和环境因素识别、隐患排查治理、信息沟通等内容。HSE 实施方案报监理单位审批、建设单位备案。

如有必要，项目部也可以将 HSE 实施方案拆分为安全生产管理计划、环境管理计划、职业健康管理计划并充实相关管理活动和表单，使项目部在安全生产管理、环境管理、职业健康管理等方面的管理活动更具有可操作性。

2. HSE 年度工作计划

总承包项目经理/安全总监负责组织编制 HSE 年度工作计划。HSE 年度工作计划包含并不限于年度 HSE 管理目标和本年度的 HSE 工作重点、安全检查计划、安全教育培训计划、应急演练计划、安全生产费用计划、"三项业务"工作计划。

在年度第一次安委会上，HSE 年度工作计划经安委会讨论后，并正式发文至施工项目经理部、项目部各部门。HSE 年度工作计划报监理单位、建设单位审批和备案。

13.3.3.2　HSE 技术管理

总承包项目 HSE 技术管理主要从"寻源、审案、检查"三方面去开展。危险有害因素辨识和环境因素识别应找出项目存在的重要危险有害因素和重要环境因素，编制控制、预防措施或方案以及应急预案。重要危险有害因素应考虑到危险性较大的分部分项工程和危险作业。HSE 技术管理的核心内容是针对识别的重要风险，审核作业方案的可行性，根据作业方案检查现场安全措施是否到位，检查作业程序是否按规定执行。

1. 危险有害因素辨识和环境因素识别

总承包项目安全总监组织编制和按月更新危险因素和环境因素辨识清单、重要危险因素和重要环境因素辨识清单及控制措施表。

施工项目部参加总承包项目部组织的危险因素和环境因素辨识工作，并开展本项目部的危险因素辨识和环境因素辨识工作。

危险因素和环境因素辨识清单及控制措施表、重要危险因素和重要环境因素辨识清单及控制措施表下发施工项目经理部。

施工项目部负责根据当前现场作业类型、重要危险因素和环境因素辨识清单及控制措施表更新现场告知牌。

施工项目部根据重要危险因素和环境因素辨识清单及控制措施编制方案或应急预案，上报总承包项目部审批。

危险源辨识的范围包括以下方面：

（1）场址。从工程的地质条件、水文气象、周围环境、交通运输条件、自然灾害、消防支持等方面进行辨识。

（2）施工总平面布置。从功能分区、防火间距和安全间距、风向、建筑物朝向、气瓶储存仓库、民爆器材库、道路、施工营地等方面进行辨识。

（3）道路及运输。从运输、装卸、消防、疏散、人流、物流、平面交叉运输和竖向交叉运输等方面进行辨识。

（4）建（构）筑物。从厂（库）房、临建、营地的生产火灾危险性分类、耐火等级、结构、层数、占地面积、防火间距、安全疏散等方面进行辨识。

（5）作业场所。对作业场存有的危险物料进行辨识。

（6）施工工艺。针对专项施工方案、作业指导书辨识作业过程存在的危险源。

（7）生产设备、装置。针对设备、装置的安全防护设施，防误装置，电源可靠性，火灾、爆炸危险等方面进行辨识。

（8）作业环境。识别存在各种职业危害因素的作业部位。

（9）安全管理措施。从安全管理组织机构、人员配置、制度建设、安全培训、作业安全、技术管理、危险源控制、日常安全管理等方面进行辨识。

2. 危险性较大分部分项工程管理

（1）项目开工前，总承包项目总工组织编制危险性较大的分部分项工程清单，并下发项目各部门、施工项目经理部，向公司安全环保部报送。

（2）项目总工组织施工项目经理部在危险性较大的分部分项工程开工一个月前完成编制和上报专项方案。

（3）施工项目经理部参加总承包项目部组织的危险性较大的分部分项工程清单编制，根据总承包下发的危险性较大的分部分项工程清单上报危险性较大的分部分项工程专项方案。

（4）项目总工组织对危险性较大的分部分项工程专项方案进行内部评审，完成后报公司评审。

（5）施工项目经理部负责组织超过一定规模的危险性较大分部分项工程外部专家论证。

（6）项目总工、安全总监参加，或由其指定的人员参加施工项目经理部组织的超过一定规模的危险性较大分部分项工程外部专家论证。

（7）施工项目经理部根据外部专家的评审意见修改并上报超过一定规模的危险性较大

的分部分项工程专项方案，负责对作业人员进行交底。

（8）安全总监检查施工项目经理部是否落实了对作业人员的交底。

（9）危险性较大分部分项工程专项方案上报监理单位审批，建设单位备案。

3. 施工组织设计、专项施工方案审核管理

施工项目经理部在进场后 28 天内上报施工组织设计，专项方案实施前 15 天上报专项施工方案。

项目总工组织审核施工项目经理部上报的施工组织设计、专项施工方案，并形成评审记录，方案中安全管理部分由安全总监审核。

施工项目经理部按审核意见修改并重新上报施工组织设计、专项施工方案。

施工组织设计及专项施工方案上报监理单位审批、建设单位备案。

4. 危险作业管理

项目开工前，安全总监组织开展危险作业辨识，形成危险作业清单以正式文件内部传阅并下发施工项目经理部。

施工项目经理部根据辨识的危险作业清单，在危险作业施工前 15 天上报危险作业专项方案。

项目总工对危险作业专项方案或技术措施进行审核，形成内部意见会签单。

施工项目经理部按审核意见修改并重新向总承包部上报危险作业专项方案。总承包项目部内部审核通过后，将方案报送监理单位审批和建设单位备案。

施工项目经理部在每次危险作业前开展作业票管理。

项目安全管理人员每月对施工项目经理部作业票管理情况进行抽查，抽查记录存档。

危险作业（包括但不仅限于）如下：

（1）土石方爆破。

（2）高边坡及深坑基础开挖和支护。

（3）起吊重量达到起重机械额定负荷的 90％及以上。

（4）两台及以上起重机抬吊作业。

（5）起重机和施工升降机安装、拆卸、负荷试验，龙门架安装拆卸及负荷试验。

（6）起吊危险品。

（7）超重、超高、超宽、超长物件和精密、价格昂贵设备及构件的吊装及运输。

（8）输电线路下方或其附近作业。

（9）水上、水下作业。

（10）受限空间作业。

11.3.3.3　HSE 年度教育培训

总承包项目 HSE 教育培训工作包括项目部自身开展的培训和检查施工项目经理部开展的培训。

项目开工前，施工项目经理部编制自身 HSE 年度教育培训计划，HSE 教育培训计划应包括开展安全技术交底和民工进场三级安全教育，HSE 教育培训计划上报总承包部。

安全总监负责审核施工项目经理部的 HSE 教育培训计划，负责组织编制 HSE 年度教育培训计划并向各部门、施工项目经理部下发。

安全总监负责按照计划内容和日期，组织开展对总承包项目部的全员教育培训，形成教育培训记录（培训材料、签到表、照片）。

施工项目经理部按计划开展 HSE 年度教育培训，形成教育培训记录（培训材料、签到表、照片）。

结合对施工项目经理部的月度综合检查，安全总监负责对施工项目经理部开展教育培训的情况进行检查，要重点检查施工项目经理部安全技术交底和民工进场三级安全教育的情况。

总承包项目部联合施工项目经理部开展"安全月""环境日""职业健康周"专题活动，活动应邀请业主单位、监理单位参加。专题活动应由安全总监负责编制活动总结报告。

对外来人员的安全教育，总承包项目部负责对接检查、参观、学习的人员，在进入施工现场前，由项目部的活动对接人安排安全管理人员开展进场安全告知，介绍项目现场存在的危险因素、注意事项、紧急情况下的撤离路线和集合地点、紧急联系人的联系方式，完成告知后应由被告知人代表签字确认，形成告知记录表。

对应急知识的培训，总承包项目安全总监每年至少组织一次应急管理能力、应急知识的培训，对象为项目部管理人员、施工项目经理部主要管理人员，形成培训档案。

11.3.3.4　安全检查

安全检查的目的是发现隐患和消除隐患，核心要求是对所有检查发现的隐患进行闭环。

日常检查：总承包项目部现场管理人员每周不少于三次对重点部位（受限空间、临近带电体、吊装、动火、脚手架及支模架、高处作业等）进行检查，检查以抽样的方式开展，检查人员负责整理并存档好隐患照片和沟通记录。

专项检查：安全总监编制专项检查表，每月组织开展不少于两次专项检查，检查采用现场抽样的方式开展，保存检查记录。

综合检查：项目经理组织每月开展一次综合检查。安全总监负责安全检查中的 HSE 检查内容，形成 HSE 综合检查记录表，综合检查的内容要涵盖现场和内业资料。

在上述检查过程中发现严重的安全隐患或屡改屡犯的安全隐患，检查人员应向施工项目经理部下发整改通知单，并跟踪闭环，留存施工项目经理部的整改回复单或下发施工安全处罚单，进行经济处罚。

总承包项目参加监理单位、建设单位组织的安全检查。施工项目经理部按总承包项目、监理单位、建设单位的要求进行整改，开展安全自查。

11.3.3.5　设备设施

总承包项目的设备设施管理主要是指对施工项目经理部的设备设施、总承包项目的营地和车辆进行管理，根据台账开展检查和整改工作。对施工项目经理部的设备管理要关注设备的可靠性（设备出厂合格证、特种设备检验报告，设备安全防护、限位装置的可靠性），对施工项目经理部设施的管理要关注设施的消防安全、设施结构稳定性、设施选址（是否受地质灾害影响）、设施内物料堆放安全。对总承包项目的营地管理要关注营地的选址（是否受地质灾害影响），营地消防和防盗，对总承包项目车辆的管理要关注车辆性能的可靠性（车辆维护保养、日常检查）。

施工项目经理部负责上报安全防护设施台账、施工机械设备台账、特种设备台账，台账包括清单和检验报告、出厂合格证、操作人员上岗证。

总承包项目安全总监负责审核施工项目经理部上报的台账，建立项目的安全防护设施台账、施工机械设备台账、特种设备台账。

安全总监根据项目台账，结合专项检查工作的开展，每月组织一次对设备设施的检查，检查以抽样的方式开展，形成检查记录。重点要检查特种设备的操作人员持证上岗及人证相符性，特种设备的维护保养记录，特种设备的检验记录，设施结构的稳定性、设施消防安全和用电安全，设施内物料的堆放安全，设备和设施的防雷接地。

施工项目经理部编制特种设备安装（拆除）技术方案并上报总承包项目部，总承包项目总工程师组织对特种设备安装（拆除）技术方案进行评审，形成评审记录。

施工机械设备台账、特种设备台账、特种设备安装（拆除）技术方案上报监理单位审批。

总承包项目总工程师负责组织对项目部营地选址布置方案进行安全风险分析和评估，合理选址，组织施工项目经理部对易发生泥石流、山体滑坡等地质灾害工程项目的生活办公营地、生产设备设施、施工现场及周边环境开展地质灾害隐患排查，制定和落实防范措施。

11.3.3.6　安全生产费用

安全生产费用管理分为两方面：一方面审核现场的安全措施投入是否足量；另一方面要根据合同约定的金额，审核安全生产费用是否用足。

项目开工前，施工项目经理部向总承包项目部上报自身安全生产费用使用计划，总承包项目安全总监审核施工项目经理部上报的安全生产费用计划，组织编制总承包项目安全生产费用使用计划，上报监理单位审核、建设单位备案。

施工项目经理部向总承包项目部上报自身的安全生产费用台账及支撑性材料。安全总监负责审批施工项目经理部上报的安全生产费用台账及支撑性材料，并将审定后的施工项目经理部安全生产费用总额，记入项目部安全生产费用使用台账并实施更新。

总承包项目安全总监通过核查安全生产费用台账和检查施工现场安全防护用品使用情况、设施配置情况、标志完善情况判定安全生产费用是否满足施工生产需求（现场检查），作为安全生产费用支付的前提依据。

11.3.3.7　应急管理

应急管理的目的是解决在收到预警信息的时候，预警信息如何传递、如何落实与反馈，发生突发事件时项目各方如何应对。所以，总承包项目部应把控好整个项目的应急体系（负责总体应急预案的编制、发布、宣贯）、统一预警和应急的响应标准和措施等级，组织施工项目经理部开展演练和培训，检验措施和要求能否落实到一线。

总承包项目经理负责组织成立总承包项目应急组织机构。进场后一个月内总承包项目安全总监负责组织编制总体应急预案，上报监理单位审批、建设单位备案，下发项目各部门、施工项目经理部。

施工项目经理部参与总承包项目应急组织机构的组建，并参与编制总承包项目部总体应急预案。

施工项目经理部根据总承包部总体应急预案，编制专项应急预案和现场处置方案，并向总承包项目部和监理单位上报，每年开展不少于一次应急预案的现场演练，形成应急演练记录（演练方案和脚本、演练总结报告、演练评估报告、应急处置评估报告、演练记录表），并向总承包项目部备案。

安全总监负责组织审核施工项目经理部上报的专项应急预案和现场处置方案，形成审核记录。

总承包项目部参与施工项目经理部组织的应急演练，留存应急演练记录。

安全总监负责建立预警及应急微信群。预警及应急微信群主要用于预警信息的发布及应急沟通，参与人员应包括总承包项目班子成员、安全管理人员、施工项目经理部安全人员、监理人员、业主代表。

总承包项目现场管理人员关注气象信息，并下载安装"12379"App。项目部安全总监或由其指定的专人负责发布气象预警信息，在向施工项目经理部转发预警信息时，应提出针对预警信息的响应措施，跟踪确认施工项目经理部的措施落实进展。

施工项目经理部根据收到的预警信息，采取响应措施，参与预警及应急微信群。

11.3.3.8　信息沟通与报送

信息沟通与报送的目的是保持各方关于项目 HSE 管理信息的一致性，达成共识，在 HSE 工作上提出下一步的工作重点和计划，针对问题提出下一步的整改措施和时限。

安全总监组织编制 HSE 月报，组织召开 HSE 月例会，负责编制会议纪要。总承包项目经理每 3 个月组织召开安委会会议，安全总监负责编制会议纪要。安委会不得与其他会议套开。

总承包项目经理组织召开年度安全工作会议，安全总监负责编制会议纪要。

施工项目经理部参加总承包项目 HSE 月例会、安委会会议、年度安全工作会议，召开项目内部安全工作会议。

总承包项目参加监理单位、建设单位组织的会议，及时报送各种材料。

11.3.3.9　安全生产标准化自查评

安全总监组织编制安全生产标准化实施方案，并下发施工项目经理部执行。

由安全总监组织，按照安全标准化达标评级规范，开展项目部年度自查评工作，将发现的不符合项及改进要求下发施工项目经理部。施工项目经理部根据总承包项目部下发的不符合项及改进要求进行整改，提交闭环材料。

安全总监负责组织对不符合项进行闭合，根据闭合情况形成项目部安全生产标准化改进措施完成情况一览表。

11.3.3.10　职业健康

总承包项目后勤负责人根据院劳动防护用品管理制度配备劳动防护用品，建立劳动防护用品发放台账并实时更新，为项目员工每年组织一次健康体检。

施工项目经理部对施工作业现场尘毒、噪声、化学伤害、高低温伤害、辐射伤害等采取防护措施、设置标识，配备防护用品，在职业危害作业现场设置职业病危害告知牌。

施工项目经理部建立涉及的职业危害因素目录及涉及的工种清单，建立接触职业危害人员名单，签署岗位职业健康危害因素告知书，接触职业危害人员名单上报总承包项目部。

总承包项目部安全总监结合项目综合检查对施工项目经理部职业健康管理情况进行检查，形成检查记录；负责建立总承包项目接触职业危害岗位和人员名单，提醒施工项目经理部与职业危害岗位人员签订岗位职业健康危害因素告知书，根据名单进行抽样，检查施工项目经理部的职业健康体检开展情况（对于职业健康危害岗位人员，要在上岗前和离岗后分别进行职业病危害体检）。

11.4　HSE 管理策划组织

11.4.1　策划前的准备

在 HSE 管理策划前，项目部安全总监召集项目部安全管理相关人员，按 HSE 管理策划的内容结合项目组织实施模式，拟定工程总承包项目 HSE 管理职责划分表，初步划分各参建单位的 HSE 管理职责。

对于总分包模式，HSE 管理职责划分可以按工程总承包单位、施工单位、勘察、设计单位、监理单位、建设单位等建设六方主体进行划分；对于松散型联合体模式，HSE 管理职责划分可以按联合体牵头方（总包管理）、联合体成员方（施工）、联合体成员方（勘察、设计）、监理单位、建设单位等建设各方主体进行划分；对于紧密型联合体模式，HSE 管理职责划分可以按工程总承包项目部、监理单位、建设单位等建设三方主体进行划分。

总分包模式下，HSE 管理职责划分示例见表 11-1。

11.4.2　策划过程

工程项目 HSE 管理策划以工程总承包合同为依据，以有关法律法规、规程规范的要求为准绳，以公司发布的安全生产相关的管理制度为基础，针对项目部拟定的工程总承包项目 HSE 管理职责划分表，讨论确定各参建单位的 HSE 管理职责，尤其是工程总承包合同范围内各参建方的 HSE 管理职责，使之符合安全生产法等有关安全、环境、职业健康方面的法律法规明的规定，并对法规规定的动作细化，确保各方在履约过程中能充分履约。

必要时，项目部经应将策划后形成的 HSE 管理职责划分表上报项目业主或监理单位，建立工程建设 HSE 管理的工作机制，使 HSE 管理活动的实施、检查、督促等责任主体得以明确，也可以作为责任追究的依据。

在后续的 HSE 管理计划编制或履约过程中的 HSE 管理，项目部如有需要，仍可以就 HSE 管理开展专项策划，提高 HSE 管理计划编制的质量，完善 HSE 管理活动，提高项目 HSE 管理水平。

注意项目经理是工程现场安全管理第一责任人，安全管理及策划应由项目经理组织，也可委托安全总监组织执行，但项目经理必须实际参与安全管理，才能更大程度上保证安全管理体系的落地。

HSE 管理职责划分表

表 11-1

序号	安全模块	管理内容	施工项目经理部	EPC 总承包项目部	监理单位	建设单位	备注
1	安全管理依据	国家、行业、企业、上级行政主管部门（含标准、规范及规程规范）收集及处理	收集适用自身的法律法规、规程规范清单	安全总监组织收集法律法规和规程规范清单，并下发各部门和施工项目经理部，组织项目部内部的培训宣贯			
		上级来文收集及处理	根据总承包项目部布置的工作安排执行	负责对政府主管部门、公司、建设单位、监理单位向总承包项目部发送的文件进行处理。1. 项目经理对来文采取传阅、组织专题会部署、指定责任人落实等工作方式进行处理。2. 指定的责任人负责根据文件要求布置工作，形成传阅记录、工作成果、会议记录等	及时转发收到的政府文件	及时转发收到的政府文件	文控工程师负责文件的收发和流转
		合同及设计文件要求收集及处理	参加总包项目部组织的设计交底	1. 总工（技术）负责人组织设计人员编制本工程安全技术要求（可在施工图纸设计说明中明确），并向施工项目经理部进行交底。2. 安全总监组织对合同文件中安全要求进行解读，向总承包项目部有关人员进行提醒	参加设计交底		
2	安全管理体系	项目部安全生产管理人员配备	1. 施工项目经理部按《建筑施工企业安全生产管理机构设置及专职安全管理人员配备办法》配备足够的专职安全管理人员。2. 施工项目经理部的安全管理人员台账以及其资格证书上报总承包项目部	安全总监组织建立项目三类人员台账，并上报监理单位	审批	备案	HSE 工程师至少经院 HSE 培训认证
		四个责任体系	参与总承包项目部四个责任体系的组成	项目经理负责组织组建四个责任体系，并向施工项目经理部下发四个责任体系成立文件，签发四个责任体系成立文件			

续表

序号	安全模块	管理内容	施工项目经理部	EPC 总承包项目部	监理单位	建设单位	备注
2	安全管理体系	安全生产委员会	1. 参加总承包项目安全生产委员会。 2. 组建施工项目经理部安全生产委员会/安全生产领导小组	项目经理负责组组建建设项目安全生产委员会，签发安全生产委员会文件、向施工项目经理部下发安全生产委员会成立文件，并上报监理单位、建设单位	审批	备案	
		HSE 生产责任书	1. 施工项目经理部项目负责人与总承包项目经理部签署 HSE 责任书。 2. 施工项目经理部项目内部层层签署 HSE 责任书	1. 安全总监组织项目部内部层层签署 HSE 责任书。 2. 总承包项目经理与施工项目经理部项目负责人签署 HSE 责任书			
		安 HSE 生产管理协议	施工项目经理部签署总承包项目部 HSE 管理协议	承包单位与各施工项目经理部签署 HSE 管理协议，HSE 管理协议作为分包合同附件			
		HSE 管理制度	编制自身的安全管理制度，并报备总承包项目部	1. 安全总监负责组织编制总承包项目安全生产管理制度，并报备监理。 2. 安全总监负责审核施工项目经理报备的安全管理制度	审核总承包项目安全生产管理制度	备案总承包项目安全生产管理制度	
3	安全控制要点	HSE 计划管理　HSE 实施方案	执行总承包项目部要求	1. 由安全总监负责编制 HSE 实施方案。 2. HSE 实施方案报监理单位、建设单位审批和备案	审批 HSE 实施方案	备案 HSE 实施方案	
		HSE 年度工作计划	执行总承包项目部要求	1. 安全总监负责组织编制 HSE 年度工作计划。 2. HSE 年度工作计划经安委会讨论会后，并正式发至施工项目经理部、建设单位各部门。 3. HSE 年度工作计划报监理单位、建设单位审批和备案	审批 HSE 年度工作计划	备案 HSE 年度工作计划	

续表

序号	安全模块	安全管控要点	管理内容	施工项目经理部	EPC总承包项目部	监理单位	建设单位	备注
			危险有害因素和环境因素辨识	1. 参加总承包项目部组织的危险因素和环境因素辨识工作。 2. 负责根据当前现场作业类型，重要危险因素及控制措施更新现场告知牌。 3. 根据重要危险因素和环境因素辨识清单及控制措施编制方案或应急预案。 4. 开展本项目部的危险因素辨识和环境因素辨识工作	1. 安全总监组织编制和按月更新危险因素和环境因素辨识清单、重要危险因素及控制措施表。 2. 危险因素和重要环境因素辨识清单及控制措施表下发施工项目经理部			
3	HSE技术管理		危险性较大分部分项工程管理	1. 参加总承包项目部组织的危险性较大的分部分项工程清单编制。 2. 根据总承包下发的分部分项工程清单上报危险性较大的分部分项工程专项方案。 3. 负责组织超过一定规模的危险性较大分部分项工程外部专家论证。 4. 根据外部专家的评审意见修改并上报超过一定规模的危险性较大的分部分项工程专项方案。 5. 负责对作业人员进行交底	1. 项目总工组织编制危险性较大的分部分项工程清单，并下发项目各部门，施工项目经理部、向公司安全环保部报送。 2. 项目总工组织施工分部分项工程在危险性较大的分部分项工程开工一个月前完成编制和上报专项方案。 3. 项目总工组织对危险性较大的分部分项工程专项方案进行内部专家公司评审。 4. 项目总工、安全总监参加、或由其指定的人员参加施工项目经理部组织的超过一定规模的危险性较大分部分项工程专家论证。 5. 安全总监检查施工项目部是否落实了对作业人员的交底。 6. 危险性较大分部分项工程专项方案上报监理单位审批	审批危险性较大分部分项工程专项方案	备案危险性较大分部分项工程专项方案	

续表

序号	安全模块	管理内容	施工项目经理部	EPC 总承包项目部	监理单位	建设单位	备注
3	HSE 技术管理	施工组织设计、专项施工方案审核管理	1. 施工项目经理部上报施工组织设计、专项施工方案。2. 施工项目经理部按施工组织审核意见并重新上报施工组织设计、专项施工方案	1. 项目总工组织对施工项目经理部上报的施工组织设计、专项施工方案进行内部评审，其中方案中安全管理部分由安全总监审核。2. 施工组织设计、专项施工方案上报监理单位审批	审批施工组织设计、专项施工方案	备案施工组织设计、专项施工方案	
		危险作业管理	1. 施工项目经理部根据辨识的危险作业清单，在危险作业施工前 15 天上报危险作业专项方案。2. 施工项目经理部按施工组织审核意见并重新上报危险作业专项方案。3. 施工项目经理部在每次危险作业前开展作业票管理	1. 安全总监组织开展危险作业辨识，形成危险作业清单并正式文件内部传阅并下发施工项目经理部。2. 项目总工对危险作业专项方案进行审核，形成内部意见会签单。3. 项目安全管理人员每月对施工项目经理部危险作业票管理情况进行抽查，抽查记录存档。4. 危险作业专项方案上报监理单位审批	审批专项方案	备案专项方案	
	安全管控要点	HSE 年度教育培训	1. 编制自身 HSE 年度教育培训计划，HSE 教育培训计划应包括开展安全技术交底和民工进场三级安全教育、HSE 教育培训计划上报总承包部。2. 按计划开展教育培训，形成教育培训记录	1. 安全总监负责审核施工项目经理部的 HSE 教育培训计划，负责组织编制 HSE 年度教育培训计划并向各部门、施工项目经理部下发。2. 安全总监负责按照计划组织开展对总承包项目部的全员教育培训，形成教育培训记录（培训材料、签到表、照片）。3. 结合对施工项目经理部的月度综合检查，安全总监负责对施工项目经理部开展教育培训的情况进行检查	检查施工项目经理部安全技术交底和民工进场三级安全教育的情况		HSE 年度教育培训计划是项目部年度工作计划的附件应总培训

续表

序号	安全模块	管理内容	施工项目经理部	EPC 总承包项目部	监理单位	建设单位	备注
3	安全管控要点	安全检查	1. 参加总承包项目、监理单位、建设单位等组织的安全检查。 2. 按总承包项目、监理单位、建设单位的要求进行整改。 3. 开展安全自查。	1. 总承包项目部现场重点部位（受限空间、临近带电体、动火、脚手架及支模架、高处作业等）进行检查，检查以抽样的方式开展，整理并存档好隐患照片和沟通记录。 2. 安全总监编制专项检查表，每月不少于两次专项检查，检查采用现场抽样的方式开展，保存检查记录。 3. 项目经理组织每月开展一次综合检查，形成安全检查中的 HSE 检查记录表。 4. 检查人员应向施工项目经理部下发整改通知单，并跟踪闭环，留存施工项目经理部的整改回复单或下发施工安全处罚单，进行经济处罚。 5. 参加监理单位、建设单位组织的安全检查，并按要求组织整改。	开展安全检查，下发检查结果	开展安全检查，下发检查结果	
		设备设施	1. 施工项目经理部设施台账上报安全防护设施台账。 2. 施工项目经理部设备台账上报施工机械设备台账。 3. 施工项目经理部台账包括清单和特种设备台账、出厂合格证、检验报告、特种设备安装（拆除）员上岗证。 4. 编制特种设备安装（拆除）技术方案并上报总承包项目部。 5. 对易发生灾害工程项目的生活泥石流、公营地、生产设施、施工现场及周边环境开展地质灾害隐患排查，制定和落实防范措施	1. 安全总监负责审核施工项目部上报的台账，建立项目的安全防护设施台账、施工机械设备台账、特种设备台账。 2. 安全总监根据项目台账，结合专项设施检查工作的开展每月组织一次对设备设施的检查。 3. 项目总工程师组织对特种设备安装（拆除）技术方案进行审查，形成评审记录。 4. 施工机械设备安装、特种设备安装（拆除）技术方案上报监理单位。 5. 总工程师负责审组织对项目营地选址和评估，合理选址。组织施工项目经理部对易发生泥石流、山体滑坡等项目的营地、生产设施、施工现场及周边环境开展地质灾害隐患排查，制定和落实防范措施	审批施工机械设备台账、特种设备台账、特种设备安装（拆除）技术方案		

续表

序号	安全模块/安全管控要点	管理内容	施工项目经理部	EPC 总承包项目部	监理单位	建设单位	备注
		安全生产费用	1. 向总承包项目上报自身安全生产费用使用计划。2. 向总承包项目上报自身的安全生产费用台账及支撑性材料	1. 安全总监审核施工项目经理部上报的安全生产费用使用计划。组织编制项目安全生产费用使用计划。2. 安全总监负责审地施工项目经理部上报的安全生产费用台账及支撑性材料，并将总审定后的施工项目经理部安全生产费用使用台账、记入项目安全生产费用使用台账	审批项目安全生产费用计划	备案项目安全生产费用计划	安全生产费用计划为HSE实施方案的一部分
3	安全管控要点	应急管理	1. 参与总承包项目应组织机构的组建。2. 参与编制总承包项目部总体应急预案。3. 施工项目经理部根据总承包总体应急预案编制专项应急预案和现场处置方案，并向总承包项目部和监理单位上报。4. 施工项目经理部每年开展演练不少于一次应急预案的现场演练（演练总结报告、演练方案和脚本、应急处置评估报告、应急处置评估记录表），并向总承包项目部备案。5. 根据收到的预警信息，采取应急措施。6. 参与预警及应急微信群	1. 项目经理负责组织成立总承包项目应急组织机构。2. 安全总监负责组织编制总体应急预案，上报监理单位、建设单位，下发项目各部门、施工项目经理部。3. 安全总监负责组织审核施工项目经理部应急预案和现场处置方案，形成审核记录。4. 总承包项目部参与施工项目经理部组织的应急演练，留存应急演练记录。5. 安全总监微信群主要用于预警及应急信息的发布及应急沟通，参与人员应包括总承包项目班子成员、安全人员、施工项目经理部安全人员、安全管理人员、监理人员、业主代表	1. 审批应急预案。2. 参与演练。3. 参与预警及应急微信群	1. 备案应急预案。2. 参与演练。3. 预警及应急微信群	

续表

序号	安全模块	管理内容	施工项目经理部	EPC 总承包项目部	监理单位	建设单位	备注
3	安全管控要点	信息沟通与报送	1. 参加总承包项目 HSE 月例会、安委会会议、年度安全工作会议。 2. 召开项目内部安全工作会议	1. 安全总监组织编制 HSE 月报。 2. 安全总监组织召开每 3 个月组织召开安委会会议，编制会议纪要。 3. 总承包项目经理每年度召开安全工作会议，安全总监负责组织编制会议纪要。 4. 总承包项目组织召开安全工作会议、安全总监负责组织的会议。 5. 参加监理单位、建设单位组织的会议，及时报送各种材料	1. 召开会议。 2. 下发、接收文件	1. 召开会议。 2. 下发、接收文件	安委会会议不得与其他会议套开
		安全生产标准化自查评	1. 执行总承包项目部下发的安全生产标准化实施方案。 2. 根据总承包项目部下发的不符合项及改进要求进行整改，提交闭环材料	1. 安全总监组织编制安全生产标准化实施方案，并下发施工项目经理部。 2. 由安全总监组织、按照安全标准化标评级规范，开展项目年度自查评工作、总承包项目部按改进要求下发施工项目经理部。 3. 安全总监负责组织对不符合项进行闭合，根据闭合情况形成项目标准化改进措施完成情况一览表			
		职业健康	1. 施工项目经理部对施工作业现场尘毒、噪声、化学伤害、辐射伤害、高低温伤害等采取防护措施、设置标识、配备防护用品，在职业危害作业现场设置职业病告知牌。 2. 施工项目经理部建立涉及的职业危害因素目录及涉及的工种清单、建立接触职业危害因素人员名单、签署岗位接触职业危害人员名单上报总承包项目部	1. 总承包项目部后勤负责人根据劳动防护用品管理制度配备劳动防护用品、建立劳动防护用品发放台账。 2. 总承包项目部后勤负责人为项目员工每年组织一次健康体检。 3. 安全总监责组织对施工项目综合检查对施工项目综合检查，形成职业健康管理情况进行检查、健康检查记录。 4. 安全总监责建立总承包项目名单、提醒施工项目经理部接触职业危害岗位签订岗位职业健康危害告知书，根据名单进行抽样、健康体检开展情况			

第12章 项目风险管理策划

工程建设项目风险管理（project risk management）是指通过风险识别、风险分析、风险评价，认识工程项目建设过程中存在的风险，并以此为基础合理地使用各种风险应对措施、管理方法、技术和手段对项目建设各类活动涉及的风险实行有效地控制，采取主动措施，创造条件，尽量扩大风险事件的有利结果，妥善处理风险事件造成的不利后果，以最小的成本，保证安全、可靠地实现项目的总体目标的管理活动。

风险管理与项目管理的关系是通过界定项目范围，明确项目范围，将项目任务细分为更具体、更便于管理的部分，避免遗漏而产生风险。在项目履约过程中，各种变更是不可避免的，变更会带来某些新的不确定性，风险管理可以通过对风险的识别、分析来评价这些不确定性因素，从而向项目范围管理提出任务。

12.1 项目风险管理的意义

项目风险管理的意义主要包括以下几点：

（1）项目风险管理能促进项目实施决策的科学化、合理化，有助于提高决策的质量。项目风险管理利用科学的、系统的方法，管理和处置各种工程项目风险，有利于减少因项目组织决策失误所引起的风险，这对项目科学决策、正常经营是非常必要的。

（2）项目风险管理能促进项目组织经营效益的提高。工程项目风险管理是一种以最小成本达到最大安全保障的管理方法，它将有关处置风险管理的各种费用合理地分摊到产品、过程之中，减少了费用支出；同时，项目管理的各种监督措施也要求提高管理效率，减少风险损失，这也促进了项目组织经营效益的提高。

（3）项目风险管理能为项目组织提供安全的经营环境，确保项目组织经营目标的顺利实现。项目风险管理为处置项目实施过程中出现的风险提供了各种措施，从而消除了项目组织的后顾之忧，使其全身心地投入到各种项目活动中去，保证了项目组织目标的实现。

12.2 项目风险管理策划的作用

通过风险管理策划，群策群力，集思广益，系统梳理项目可能面临的风险，完善风险清单，复核项目部已经识别的风险因子，分析研判风险发生的可能性、影响的严重性。

通过风险管理策划，对分析研判确定的关键风险因子（发生的可能性大、影响严重的风险因子）拟定应对措施，包括预防措施、应急响应措施等，有条件时，预估采用应对措施所需要的费用。

通过风险管理策划，帮助项目部建立项目风险动态管控理念，承接项目经营阶段的风险评估，构建风险清单定期更新机制，动态管理风险应对措施的落实。

12.3 项目风险管理策划组织

12.3.1 策划前的准备

在项目风险管理策划前，项目经理召集项目风险管理相关人员，初步构建项目风险管理总体框架，确定项目风险管理的实施组织模式，明确项目风险管理责任部门，落实项目部其他部门在项目风险管理过程的配合职责。

根据公司有关项目风险管理的要求，选择适宜的风险分解结构（Risk Breakdown Structure，RBS），结合经营阶段编写的风险评估报告和关键风险—内控对接表，重新分析、评估项目可能面临的风险，对评估确定的关键风险事项拟定风险控制、预防措施。

结合工程总承包项目组织实施模式，分解关键风险的控制、预防措施落实的责任单位。

有条件时，对分析得到的关键风险项进行定量分析，即估计风险事项发生后将造成的损失额并估计发生的可能性，计算该风险项可能对项目造成的损失额度；计算拟定的风险控制、预防措施实施所需要的成本，并估计采取措施后风险项发生时仍会出现的损失额，以评估拟采取的风险控制措施和预防措施是否经济合理。

12.3.2 策划过程

项目风险管理策划时，项目经理首先就风险管理的总体框架设计，项目部开展风险识别、分析、评价的成果，对关键风险拟定的措施等内容进行汇报。

策划人员就总体框架设计的合规性、与项目规模的适应性、初始风险分解结构选择的正确性进行讨论，确定风险管理总体框架和风险管理的 RBS。

策划人员利用风险管理经验，结合项目履约条件以及项目的特点、难点、关键点，针对已经识别评价的关键风险以及拟定的控制、预防措施进行评价，提出完善建议，同时，补充项目部忽略的可能存在的关键风险，提出控制、预防措施，协助项目部提高风险管理水平，尽早采取控制、预防措施，降低风险导致的损失。

必要时，对项目部风险管理进行专项培训，提高项目管理人员风险管理意识，提升风险管理水平，建立更加完善的风险管理工作机制，为全面实施项目的风险管控保驾护航。

12.4 项目风险管理

12.4.1 风险管理流程序

风险管理流程见图 12-1。

12.4.2 风险管理过程

依据《项目风险管理 应用指南》（GB/T 20032—2005），风险管理过程可以分为建

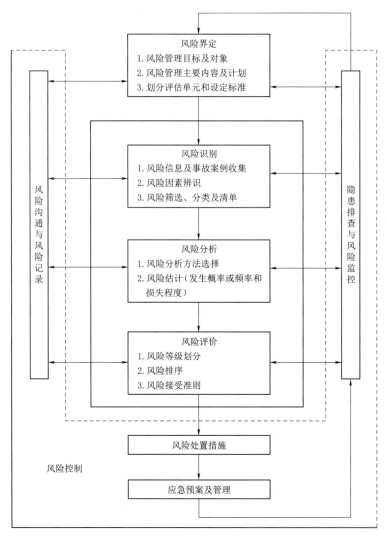

图 12-1　风险管理流程图

立总体框架、风险识别、风险评定、风险处理、风险评审与监视等五个步骤。

12.4.2.1　建立总体框架

项目风险管理的总体框架建立主要包括确定风险分解结构（Risk Breakdown Structure，RBS）、建立风险管理组织机构（风险管理决策机构、执行机构以及执行团队），确定风险的可接受性和可容忍性准则。

RBS 是风险管理中风险辨识的一种方法，目的在于通过对项目的风险源逐层分解辨识出主要的项目风险，避免遗漏重大风险。

风险管理组织机构应结合项目部组织架构，嵌入项目部内，使风险管理机构成为项目组织架构的一部分，并明确风险管理组织机构中各级的职责。

（1）风险管理委员会。可与项目班子重合，也可以设立一个非常驻项目的机构，人员构成涵盖项目领导、公司领导和风险管理方面的专家。作为项目风险最高决策机构，是项目风险管理的决策层，主要负责项目风险政策方针的制定与战略决策，同时保证风险管理资源的配置与组织机构的建立。

（2）风险管理部。可以单独设立，也可以与项目部其他二级机构合并设立，是风险管理的执行层。完成项目风险管理的总体规划与程序文件，协调项目各部门风险管理流程与界面，保证风险管理工作的有效实施与持续反馈；提供风险管理技术支持，监控项目风险状况与更新，整理风险管理月报与总结报告；组织协调项目重大风险评估会议等；协调风险管理的沟通、培训与风险文化的建立。

（3）风险管理执行团队。在分管风险管理的项目班子成员领导下，按照风险管理计划确定的实施流程开展项目风险管理的日常工作，其具体工作有：以项目风险管理相关标准提供的风险管理知识体系为方法论，建立风险管理指南、流程与计划的风险管理手册等风险管理实施文件，应用 RBS 开展风险辨识工作，拟定风险应对措施并布置跟踪措施的落实，建立风险预警机制。

（4）风险管理工程师。作为各个业务部门的风险管理专家，配合风险管理部协调风险管理工作，主要是辨识、分析与处置所发现的风险。

12.4.2.2　风险识别

风险识别的目的是发现、列举和描述可能影响到既定的项目或项目阶段性目标实现的风险。有效的风险管理从根本上取决于对风险的识别，是一个系统性的过程。在多数情况下，风险识别依赖于对预期问题的预测和分析。

风险识别的方法有很多，包括头脑风暴、专家意见、结构化访谈、问卷调查、检查单、经验、测试和建模、对其他项目的评价。在识别风险时，应当使用任何可用的源。要求规范、工作分解结构、工作说明书等都可以作为出发点。

风险识别应当考虑风险对所有项目目标的影响。项目起始时的设想可能成为风险识别的一种源，应当定期测试其有效性。风险识别可以发生在所有或部分产品阶段，表 12-1 为典型的项目或产品生命周期不同阶段中某些可能很突出的风险域的示例。

风险可能从项目的前一阶段遗留下来，在项目的转换阶段，应当确定出带入项目下一阶段的风险。

表 12-1　　　　　　　　　　　　　与阶段相关的风险域示例

概念与定义	设计与开发	制造	安装与试运行	使用与维护	退役与处置
中标/未中标	权衡	分包方	图样	可信性	安全
预算	制造/采购	材料	组装	安全	替换
安全	性能	资源	性能	互换性	补救
担保	可生产性	组装	可信性	修改	报废
技术	技术	技术状态变更	安全	处罚	处罚
合同	可信性	可信性	测试	法规	遗留的风险
法规要求	信息源	处罚	程序	保证	
项目管理	合同	安全	处罚	遗留的风险	
	处罚	遗留的风险	保证		
	安全		遗留的风险		
	遗留的风险				

12.4.2.3　风险评定

风险评定的目的是分析和评价已识别的风险以决定是否需要进行处理。

1. 风险分析

风险分析是识别风险的限度和影响范围、识别风险与项目之间的依赖关系、确定风险发生的可能性以及对既定目标的相关影响。在风险分析过程中，为使项目风险更为清晰，回溯到风险识别过程可能是必要的。

风险分析可以分为定性分析与定量分析。当缺少数据或数据不可靠时，初步的定性分析可以在项目生命周期的前期进行；当有较多的资料时可以进行定量分析。

风险分析可以应用例如《故障树分析程序》（GB/T 7829—1987）、《失效模式与效应分析》（GB/T 7826—1987）事件树分析、灵敏度分析、统计技术和网络分析等技术。

2. 风险评价

风险评价包括将风险的水平与可容忍性准则相比较并制定处理风险的初始优先顺序。

3. 风险接受

有些风险可以不进行处理（或进一步处理）就被接受。这些风险应当被包括在项目风险记录中，以便能够进行有效的监视。不可接受的风险要进行处理。

12.4.2.4　风险处理

1. 风险处理的目的

风险处理的目的是识别与实施使风险可容忍的高效费比措施。它是决定和实施处理已识别风险的方案的过程。

图 12-2 说明了风险处理的过程。

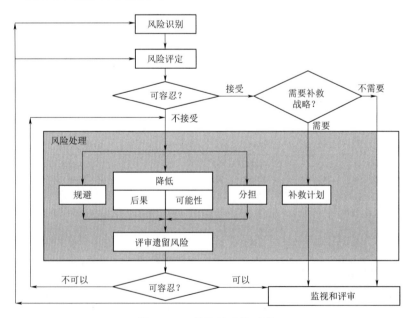

图 12-2　风险处理的过程

2.风险处理方案评定

选择一个风险处理方案或方案组合,应当考虑处理成本或补救成本,以及实施相应风险处理方案的潜在收益。风险是相互关联并且互为依存的,所以应当可以在所考虑的不同风险处理方案之间进行权衡。

应当考虑在方案实施后仍遗留的风险以明确其是否可容忍。如果风险不能容忍,应当考虑取消项目,或实施可能的进一步处理。如果认为风险可以容忍并予以接受,就应当考虑是否需要处理意外后果的补救战略。

3.风险规避

所设计的项目中排除风险的成本应是合理的,否则可考虑取消该项目。

4.减少风险发生的可能性

减少风险发生的可能性主要指减少或消除发生风险的原因。将一种风险与其他风险组合起来有时可能会减少该风险,组合后的风险具有与其他风险不同的特性。组合后的风险可能更易于处理。但是,减少一类风险可能会引入不同特性的风险。

5.限制后果

风险的后果可能被限制。如果已意识到风险,可通过设计与开发来降低其负面影响,并可通过策划进行补救。

项目的时间安排及其不同方面的执行顺序可能影响风险和管理它们的能力。在达到项目目标的前提下,可以改变项目日程安排来改进对风险的管理。确保识别因改变项目活动的顺序而出现的新风险是很重要的。

6.风险分担

减少后仍存在的风险可被转移或分担给项目外部有偿地进行处理的某方,如进行分包或进行保险。但彻底转移风险几乎是不可能的,并且当风险被转移或分担时,可能会引入新的风险。

12.4.2.5 风险评审与监视

风险评审与监视的主要目的是识别新出现的风险,并确保风险处理保持有效。风险管理过程的有效性也应当进行评审。项目生命周期内的风险评审可确保相关的文件、标准、程序和记录单的更新和保持。

风险监视应当在项目生命周期内持续进行。它应当包括对项目预算、项目系统与来自项目的其他输入的检查。主要监视活动可在项目活动的关键阶段或项目环境发生重大改变时进行。

项目完成后,应当进行风险评审以确保风险管理过程的有效性,并决定未来项目中该过程如何改进。多数情况下都可以总结出经验,其要点应当予以提炼并纳入程序和过程之中。

12.4.3 应急管理

应急管理包括应急预案、应急响应和应急救援。应急预案按现行国家标准《生产经营单位生产安全事故应急预案编制导则》(GB/T 29639—2020)的要求编制,并实施分级管理,综合应急预案、专项应急预案和现场处置方案之间相互衔接,并与所涉及的其他单位的应急预案相互衔接。

应急预案培训纳入年度安全生产培训工作计划，负责培训的部门对应急培训计划的完成情况进行检查，并对培训效果进行评估，同时形成记录；风险管理部门负责组织专项预案的培训，班组负责组织现场处置方案的培训。

定期组织综合演练，并应每年组织一次专项演练。组织相关专家按应急预案要求制订演练计划，演练结束后，应组织各参演单位和专家评估演练效果，编写演练评估报告，分析存在的问题，必要时应对应急预案提出修订意见。

风险管理部门应保存全部应急管理工作的相关文件和记录，并应将现行有效的专项应急预案、现场处置方案发放到班组；班组应将专项应急预案、现场处置方案等相关应急预案文件和记录进行妥善保管；发生突发事件后，应立即启动应急预案，并应积极开展应急援救。

12.5　水电工程建设项目风险管理过程

按《大中型水电工程建设风险管理规范》（GB/T 50927—2013）的规定，水电工程建设项目风险管理过程包括风险辨识、风险分析、风险估计、风险评估、风险控制措施等步骤。

12.5.1　风险辨识

基于风险界定，通过某种或几种方式，系统调查发现、列举和描述项目建设及试运行中潜在风险及相关要素（包括风险类型、时空分布、主客原因、可能后果和影响范围等），并进行筛选、分类。

一般情况下风险识别时，项目部应全员参加。

12.5.2　风险分析

根据风险类型、获得的信息和风险评价结果的使用目的，对识别出的风险进行定性和定量分析，做出风险估计。

根据工程特点、评估要求和工程建设风险分类进行，分析方法包括定性化方法、定量化方法、综合化方法。在施工图设计阶段，一般采用定性化方法，对于重大风险，应增加定量化方法、综合化方法。土建施工、金属结构及电机设备安装和试运行阶段的风险管理一般采用综合化方法。

12.5.3　风险估计

风险估计是对风险的概率或频率和损失进行赋值的过程。

风险发生可能性与损失严重性等级标准划分，采用概率或频率进行表示，可分为风险发生可能性与损失严重性两种等级划分方法，具体等级标准见表 12-2 和表 12-3。

表 12-2　　　　　　　风险发生可能性程度等级标准

等级	可能性	概率或频率
1	不可能	<0.0001
2	可能性极小	0.0001～0.001

等级	可 能 性	概率或频率
3	偶尔	0.001～0.01
4	有可能	0.01～0.1
5	经常	＞0.1

表 12 - 3　　　　　　　　　　　风险损失严重性程度等级标准

等级		A	B	C	D	E
严重程度		轻微	较大	严重	很严重	灾难性
人员伤亡	建设人员	重伤 3 人以下	死亡（含失踪）3 人以下或重伤 3～9 人	死亡（含失踪）3～9 人或重伤 10～29 人	死亡（含失踪）10～29 人或重伤 30 人以上	死亡（含失踪）30 人以上
	第三方	轻伤 1 人	轻伤 2～10 人	重伤 1 人及轻伤 10 人以上	重伤 2～9 人及以上	死亡（含失踪）1 人及以上
经济损失	工程本身	100 万元以下	1000 万元以下	1000 万～5000 万元	5000 万～1 亿元	1 亿元以上
	第三方	10 万元以下	10 万～50 万元	50 万～100 万元	100 万～200 万元	200 万元以上
工期延误	长期工程	延误少于 1 个月	延误 1～3 个月	延误 3～6 个月	延误 6～12 个月	延误 12 个月（或延误一个汛期）
	短期工程	延误少于 10 天	延误 10～30 天	延误 30～60 天	延误 60～90 天	延误 90 天以上
环境影响		涉及范围很小的自然灾害及次生灾害	涉及范围较小的自然灾害及次生灾害	涉及范围大的自然灾害及次生灾害	涉及范围很大的自然灾害及次生灾害	涉及范围非常大的自然灾害及次生灾害
社会影响		轻微的，或需紧急转移安置 50 人以下	较严重的，或需紧急转移安置 50～100 人	严重的，或需紧急转移安置 100～500 人	很严重的，或需紧急转移安置 500～1000 人	恶劣的，或需紧急转移安置 1000 人以上

12.5.4　风险评估

　　根据设定的风险分级标准及接受准则，对工程风险进行等级评定、风险排序和风险决策的过程。项目建设风险评价等级分为四级，其风险等级标准的矩阵见表 12-4 的规定。基于不同等级的风险，采用不同的风险控制措施，各等级的接受准则见表 12-5。

表 12 - 4　　　　　　　　　　　风　险　等　级　标　准

可能性等级		损 失 等 级				
		A	B	C	D	E
		轻微	较大	严重	很严重	灾难性
1	不可能	Ⅰ级	Ⅰ级	Ⅰ级	Ⅱ级	Ⅱ级
2	可能性极小	Ⅰ级	Ⅰ级	Ⅱ级	Ⅱ级	Ⅲ级
3	偶尔	Ⅰ级	Ⅱ级	Ⅱ级	Ⅲ级	Ⅳ级

续表

可能性等级		损 失 等 级				
		A	B	C	D	E
		轻微	较大	严重	很严重	灾难性
4	有可能	Ⅰ级	Ⅱ级	Ⅲ级	Ⅲ级	Ⅳ级
5	经常	Ⅱ级	Ⅲ级	Ⅲ级	Ⅳ级	Ⅳ级

表 12 - 5　　　　　　　　　　　风 险 接 受 准 则

等级	接受准则	应 对 策 略	控 制 方 案
Ⅰ	可忽略	进行风险状态监控	开展日常审核检查
Ⅱ	可接受	加强风险状态监控	加强日常审核检查
Ⅲ	有条件可接受	实施风险管理降低风险，且风险降低所需成本应小于风险发生后的损失	实施风险防范与监测，制订风险处置措施
Ⅳ	不可接受	采取风险控制措施降低风险，至少将其风险等级降低至可接受或有条件可接受的水平	编制风险预警与应急处置方案，或进行有关方案修正或调整，或规避风险

12.5.5　风险控制措施

风险控制采用经济、可行、积极的处置措施规避、减少、隔离、风险转移，具体采用风险规避、风险转移、风险缓解、风险自留、风险利用等方法。

风险控制措施选择时应符合下列要求：

（1）损失大、概率大的灾难性风险，采取风险规避。

（2）损失小、概率大的风险，采取风险缓解。

（3）损失大、概率小的风险，采用保险或合同条款将责任进行风险转移。

（4）损失小、概率小的风险，采用风险自留。

（5）有利于工程目标的风险，采用风险利用。

采用工程保险等方法转移剩余风险时，工程保险不能作为唯一减轻或降低风险的应对措施。

12.6　项目风险管理策划应用实践

2018 年 10 月 29 日，在亚运场馆及北支江综合整治工程总承包项目部召开 EPC 总承包项目深化总体策划，对风险管理进行专题策划，对项目部已经完成的风险识别、风险控制策略、风险应对措施等进行研讨，会后项目部根据研讨意见，修改完善风险管理计划。

亚运场馆及北支江综合整治工程风险管理计划内容如下。

12.6.1　总则

由于北支江综合整治及亚运场馆工程 EPC 项目所处的环境和条件的不确定性以及受项目干系人主观上不能准确预见或控制等因素的影响，使项目的最终结果与项目干系人的期望产生偏离，并给项目干系人带来损失的可能性，因此，项目风险管理尤为重要。

风险管理指对项目风险进行识别、评估、应对和监控的过程，包括把正面事件的影响概率扩展到最大，把负面事件的影响概率减少到最小。

总承包安全环保部负责统筹项目风险管理工作，各子项及相关部门配合完成所属子项、专业风险识别、评价与制定应对措施工作。

12.6.2 项目风险识别

项目经营期间，经营单位根据收集的经营信息进行风险识别，并根据初步识别的风险因素制订相应风险管理策略与风险应对措施。

项目实施过程中，项目部根据实际情况，及时识别各项风险因素的增减和程度变化，调整风险管理策略和控制措施，如发现不可控风险或变化较大的风险因素，及时向院有关部门报告，寻求专业支持，并调整项目管理方案。

风险识别主要从自然灾害、社会政治、法律、财务、技术、业主履约、项目团队内部管理、分包商履约、采购、工期、HSE 等角度辨识。

12.6.3 项目风险控制策略

风险控制主要采取以下几种策略。

（1）风险规避：指对超出风险承受度的风险，通过放弃或者停止与该风险相关的业务活动以避免和减轻损失的策略。

（2）风险控制：指在权衡成本效益之后，采取适当的控制措施降低风险或者减轻损失，将风险控制在可承受度之内的策略。

（3）风险转移：指通过借助外部力量，采取业务分包、购买保险等方式和适当的控制措施，将风险控制在可承受度之内的策略。

（4）风险承担：指对可承受度之内的风险，在权衡成本效益之后，不准备采取控制措施降低风险或者减轻损失的策略。

（5）其他风险管理策略，包括风险转换、风险对冲、风险补偿等。

12.6.4 项目风险评估方法

总承包项目风险评估常用风险矩阵法，即通过测定后果和可能性进行排序并显示风险的工具。

根据识别出的各风险因素对质量、工期、成本、安全的影响情况，从风险发生的可能性 P 和风险危害的严重性 C 两个维度对各风险因素进行评估，并计算得出风险等级 R。

风险等级 $R=PC$。R 值越大，说明该系统危险性大，需要增加安全措施，或改变发生事故的可能性，或减少人体暴露于危险环境中的频繁程度，或减轻事故损失，直至调整到允许范围内。

1. 风险发生的可能性 P

风险发生的可能性 P 采用半定量的方式确定，见表 12-6。

2. 风险危害的影响程度 C

根据风险事件对工期、质量、安全、成本的影响，将风险的影响程度分为轻微、较小、中等、重大和灾难性 5 个等级，分数分别为 1～5，见表 12-7。

风险影响程度根据对工期、质量、安全、成本 4 个因素影响分数取大值。

表 12 - 6　　　　　　　　　　　　　　　风险发生的可能性 P

评分	风险发生的可能性	备　注
1	极小	风险事件几乎不会发生
2	不太可能	风险事件很少发生
3	可能	风险事件在某些情况下发生
4	极可能	风险事件在较多情况下发生
5	基本确定	风险事件几乎肯定会发生或常常发生

表 12 - 7　　　　　　　　　　　　　　　风险的影响程度 C

影响程度	轻微	较小	中等	重大	灾难性
分数	1	2	3	4	5
影响工期情况					
影响质量情况					
影响安全情况				发生人员重伤或死亡的事故	
影响成本情况	增加成本10 万元以下	增加成本10 万～50 万元	增加成本50 万～100 万元	增加成本100 万～200 万元	增加成本200 万元以上

3. 风险等级 R 与风险带

计算风险等级 R，$R = PC$。以风险等级（表 12 - 8）大小建立风险带。

下风险带：$1 \leqslant R \leqslant 4$，处于下风险带因素对项目总体影响较小，一般采取风险承担或风险控制的策略应对。

中风险带：$5 \leqslant R \leqslant 10$，处于中风险带因素对项目有一定影响，一般采取风险控制或风险转移的策略应对。

上风险带：$12 \leqslant R \leqslant 25$，处于上风险带因素对项目总体影响较大，一般采取风险转移或风险规避的策略应对。上风险带风险因素属于项目关键风险因素。

表 12 - 8　　　　　　　　　　　　　　　风 险 等 级 R

风险等级 \ 影响程度		轻微	较小	中等	重大	灾难性
		1	2	3	4	5
极小	1	1	2	3	4	5
不太可能	2	2	4	6	8	10
可能	3	3	6	9	12	15
极可能	4	4	8	12	16	20
基本确定	5	5	10	15	20	25

12.6.5　项目风险应对

项目开工前，结合项目实际情况，项目经理组织项目各部门讨论商定应对措施，编制"关键风险—内控对接表"，对处于上风险带的关键风险因素进行控制，对接表报实施单位审批。

风险应对措施责任示例见表 12-9。

表 12-9　　　　　　　　　　　　　　　风险应对措施责任表

序号	风　险　种　类	责　任　人	备注
1	自然灾害风险		
2	社会政治风险		
3	法律风险		
4	财务风险		
5	技术风险		
6	业主履约风险		
7	项目团队内部履约风险		
8	分包商履约风险		
9	采购风险		
10	工期风险		
11	HSE 风险		
12	其他风险		

总承包项目部安全环保部应每季度组织各部门/子项负责人开展动态风险因素识别、评估工作，根据项目实施进展，审视项目各关键风险因素是否发生变化，根据动态评估结果，更新"关键风险—内控对接表"内容，上报建管公司审批。

项目实施过程中，各专业/子项发现新的风险因素，及时报安全环保部。

12.6.6　项目风险后评价

项目部应在发生风险损失事件后，第一时间填写风险损失事件汇总表，上报总承包实施单位、相关职能部门及法务与审计监察部，同时对相关风险因素重新进行评估，完善风险控制措施。

项目完结后，项目部在后评价阶段对项目风险管理经验进行复盘与总结，包括通过实施风险管理策略和应对措施有效控制、规避、转移风险的成功经验或发生风险损失事件的经验教训，并将相关内容反映在项目管理总结中。

第13章　沟通与信息管理策划

项目沟通管理（project communication management）包括为了确保项目信息及时适当的产生、收集、传播、保存和最终配置所必需的过程。项目沟通管理给成功所必需的因素——人、想法和信息之间提供了一个关键连接。涉及项目的任何人都应准备以项目"语言"发送和接收信息并且必须理解他们以个人身份参与的沟通怎样影响整个项目。沟通就是信息交流。组织之间的沟通是指组织之间的信息传递。对于项目来说，要科学地组织、指挥、协调和控制项目的实施过程，就必须进行项目的信息沟通。好的信息沟通对项目的发展和人际关系的改善都有促进作用。

13.1　项目沟通管理的原则

1．"利益相关"原则

接收信息的一方与所接收信息有利益上的关联，以保证沟通对象有接受沟通的意愿，使沟通能顺利进行，即"What's in it for me"（与我何干）。

2．"主动性"原则

主动与干系人保持沟通，让他们清楚项目的进展情况以及遇到的问题。

3．"简洁高效"原则

过犹不及，过多信息同样得不到有效传播。

4．"有始有终"原则

沟通交流始于项目启动而止于项目结束，与干系人进行交流没有一劳永逸的方法。但制订有效的沟通管理计划可以提高沟通交流的效率，使在这方面的管理变得简单和有章可循。

5．"各取所需"原则

项目干系人所需要的信息不尽相同，对信息需求的紧迫程度及要求的沟通方式也不一样，这就需要区别对待，管理沟通与交流。

13.2　项目沟通的方法

沟通管理就是正式或非正式地对上下左右交换信息的方式进行指导或监管。项目表现的好坏与项目经理管理沟通过程的能力有直接的关联。沟通过程绝不仅仅是传递一条消息，也是需要情绪和表达控制的。适当的沟通能够使员工参与到行动中来，因为他们需要知情并理解。沟通必须既传递消息，又进行激励。

沟通的五个步骤包括：

（1）仔细考虑你希望达到的目标。

（2）确定进行沟通的方式。

（3）引起相关人员的兴趣。按照他人与你进行沟通的方式来沟通。

（4）按照你要沟通的内容来进行沟通。

（5）检查通过他们来完成你的指令的效果。

13.3　项目沟通管理策划

项目沟通管理策划是在项目部已梳理的干系人清单基础上，提出应列入干系人管理对象的建议，分析不同干系人的重点诉求，提出应对措施的建议，指导项目部编写项目沟通管理计划。

项目部应在项目沟通管理策划后编写项目沟通管理计划，梳理干系人清单以及干系人的主要诉求，评估干系人对项目的支持度和决策力度，建立内外部沟通渠道，分类确定沟通内容和沟通方式，拟定行动计划，并保持定期更新。

13.4　项目信息管理的目的

建设工程项目的信息管理（information management）的目的旨在通过有效的项目信息传输的组织和控制为项目建设的增值服务。

建设工程项目的信息管理是通过对各个系统、各项工作和各种数据的管理，使项目的信息能方便和有效地获取、存储（存档是存储的一项工作）、处理和交流。

工程项目信息管理的目的是更好地管理建设实施过程中产生的各种数据，更好地服务于工程建设，减少因信息不畅造成的施工问题，使工程项目顺利实现合同约定的目标。

13.5　项目信息管理策划

13.5.1　项目信息管理的组织架构及职责

项目信息管理策划时对项目部初拟的项目信息管理的组织架构、管理职责进行讨论，结合项目规模、合同范围及工作内容，确定项目信息管理部门设置、人员配置、职责划分的合理性、完整性，评估项目信息管理的有效性。

13.5.2　项目信息管理的范围

根据《建设项目工程总承包管理规范》（GB/T 50358—2017）的要求和工程总承包合同约定的合同范围和工作内容，项目部拟定项目信息管理的范围、内容，整理信息管理分类目录，用于指导项目履约过程中项目部自身形成的各类信息的管理工作。

对于房屋建筑、公用市政等归属住房和城乡建设部主管的项目，依据《建设工程文件归档规范》（GB/T 50328—2014）（2019 年版）的要求，梳理建立工程总承包项目下各分包商的归档资料目录，用于指导项目履约期间对各分包商的信息管理的检查、指导工作。

对于水电、水利、电力、交通运输等带有行业主管部门的项目，项目部可以依据相应的行业标准，如《建设项目档案管理规范》（DA/T 28—2018）、《水电建设工程项目文件收集与档案整理规范》（DL/T 1396—2014）、《水利工程建设项目档案管理规定》（水办〔2005〕480 号）的要求，梳理建立工程总承包项目下各分包商的归档资料目录，用于指导项目履约期间对各分包商的信息管理的检查、指导工作。

策划时，主要对上述两个目录进行评审，协助项目部完善信息分类整理目录。

13.5.3　项目信息管理系统的应用选择

根据项目属地、项目合作方式等特征，项目部初步确定是否应用项目信息管理系统，对于拟应用的项目选择应用哪个项目信息管理系统，并初步选择应用的功能模块。

策划时，针对项目部初步确定的项目信息管理系统应用方案，根据院有关管理制度的规定，提供调整或同意的意见。

13.5.4　信息管理计划

项目部根据项目规模以及项目管理需求，明确是否单独编写信息管理计划。如果确定单独编写信息管理计划，拟定信息管理计划目录。

策划时，对项目部拟定信息管理计划目录进行评议，补充完善信息管理计划目录，以指导后续项目部编写信息管理计划。

13.6　文件资料归档策划

文件资料归档包括对内归档和对外归档。

对内归档即项目完工后按图档中心的相关要求，向公司归档移交项目履约过程中形成的文件资料，包括纸质文件和电子文件。

项目部在策划前按公司制度规定，结合项目信息管理的工作要求，拟定对内归档的目录清单。策划时，对拟定的对内归档目录清单进行讨论，确定分类目录，指导项目履约期间的对内归档管理活动。策划时，可根据需要邀请院图档中心进行指导。

项目部在策划前按相关国家规范或行业规范，结合项目信息管理的工作要求以及分标情况，拟定项目对外归档的文件目录，对于工程总承包项目部层面的文件资料，事先与业主、档案主管部门沟通，确定需归档的文件目录。策划时，按国家规范或行业规范，检查文件目录的符合性，对分标归档文件的合并方法提出建议。

第14章 项目设计管理策划

工程总承包项目的设计管理（design management）从单纯的设计扩展到项目建设的全过程，设计管理的自身定位发生了根本性的变化，更加关注设计与施工、设计与采购的衔接、协调，注重项目的经济性，通过设计优化达到节约项目成本的目的。工程总承包商设计管理的水平是决定项目能否成功的关键因素，其目标是从设计入手，实现工程总承包项目设计、采购、施工的协同管理，增强对施工技术、施工方法、设备采购和设备制造等方面的研究，实现项目成本降低、工期缩短的需求，设计管理能力直接影响整个项目的经济效益。

14.1 工程总承包项目设计管理的特点

工程总承包模式下的设计管理相较于 DBB 模式的设计管理，存在下列显著特点。

1. 设计工作贯穿项目建设全过程

在工程总承包模式下，项目的设计工作贯穿设计、采购、施工、试运行等全部阶段，涵盖项目的全生命周期。在设计阶段，承包商需要考虑后期采购阶段与施工阶段的工作，在设计管理工作把整个工程划分为若干标段，而不是等到设计全部完成后才开始进行采购施工。由此实现设计与采购、施工的合理搭接与深度交叉，达到缩短工期的总体目标。

2. 专利技术费用在设计费用上的体现

在工程建设投资构成中设计费用占工程总投资的比例较低，按照工程设计收费指导意见的标准，不同行业之间存在一定的差异，低的占 3% 左右，高的也就 5% 左右。如果项目中出现一些需要知识产权或者专利权时，则专利技术费用可以作为设计费用的一部分，列入设计费，以调整工程整体价格组成，同时体现公司专用技术、专利技术应用的经济效益。

3. 设计不确定带来高风险

在工程总承包模式下，项目业主在招标阶段仅提供对项目的预期目标和功能的要求，并未给出详细设计图，同时工程总承包项目具有规模大、专业技术要求较高的特点，因此承包商在设计阶段必须对项目所需的主要材料设备进行尽可能准确估量。一方面，如果工作量估计偏高，必然会带来更高的投标价格，进而可能导致投标失败；另一方面，工作量估计偏低，虽然会降低投标价格，但在项目履约过程中将可能带来更高的成本和工期风险。

14.2 项目设计管理策划组织

基于公司对工程总承包项目履约实施的总体设计，项目部自身不承担设计工作，通过内部设计分包合同将设计工作委托给公司的二级生产部门——专业工程院，以内部协作的形式开展设计，项目部以内部联营的方式将一部分工程总承包经营、营收、利润切分给专业工程院，使专业工程院与项目实施单位和项目部捆绑，构建利益共同体，促使专业工程院以工程总承包角度开展设计管理，安排设计任务。项目部设置设计管理部配置设计管理人员对专业工程院的设计工作进行协调管理。

设计管理策划前，项目部应梳理设计管理的思路，内容应涵盖项目部在设计管理方面拟安排的管理活动，如设计团队成员确认、项目部与设计部争议解决机制、设计输入控制、供图计划、重要中间节点控制、设计输出成果控制等环节，确保最终的设计成果能够满足工程总承包实施的设想。

设计管理策划时，对项目部梳理的设计管理思路进行讨论，尤其是前期设计成果复核、设计方案的可实施评估、设计方案的投资控制及工期影响评估、设计产品质量复评、设计交底和评审、实施过程的设计变更管理是否纳入设计管理，同时提示项目部各模块的主要管理内容，以指导项目部在项目履约过程中设计管理的活动。

1. 前期设计成果复核

工程总承包项目设计经理应组织设计团队对项目业主提供的前期设计成果进行必要复核，确认属于合同范围内的前期设计成果有无漏项、前期设计成果的深度是否满足规范要求、是否存在违反强制性条文的现象，梳理在设计过程中需调整的细节。

2. 设计方案的可实施评估

工程总承包项目设计经理/总工组织设计、施工、监理、业主对设计方案的可实施性进行评估，可实施性主要就现场施工条件、方案是否可落地等进行评估，设计单位根据可实施性评估意见修改完善。

3. 设计方案的投资控制及工期影响评估

工程总承包项目设计经理/总工组织设计单位、施工单位、造价咨询单位或人员对设计方案投资影响及工期影响进行评估，设计单位根据投资评估及工期评估意见依据修改完善。

4. 设计产品质量复评

工程总承包项目设计经理/总工组织总承包管理人员、施工单位对图纸中高标、前后尺寸等进行复核，形成图纸审查意见反馈设计团队。

5. 设计交底和评审

工程总承包项目设计经理/总工组织设计人员对总承包管理人员及施工项目经理部等进行内部交底，交底后总承包管理人员及施工项目经理部对设计图纸进行内部评审，提出意见，形成会议纪要，设计人员根据会议纪要意见修改完善图纸并上报监理单位、建设单位批准。

6. 实施过程的设计变更管理

如现场出现与设计图纸边界条件不符，总承包项目部项目设计经理/总工应组织设计单位、施工项目经理部对边界条件进行确认，设计单位根据确认的边界条件出具变更方案初稿，总承包项目部、施工项目经理部应对变更方案初稿的可实施性、投资变化和工期影响进行评估，提出评估意见，设计单位根据评估意见修改完善后报监理单位、建设单位批准。

变更管理应与地方变更管理办法和总包合同中对变更的规定一致。

14.3 项目设计管理计划

项目部根据项目规模以及项目管理需求，明确是否单独编写设计管理计划。如果确定单独编写设计管理计划，拟订设计管理计划目录。

策划时，对项目部拟订的设计管理计划目录进行评议，补充完善设计管理计划目录，以指导后续项目部编写设计管理计划。

设计管理计划一般宜包括设计范围、设计团队确认及争议解决机制、设计输入、供图计划、重要设计策划、重要设计评审、中间成果的内部协调、设计输出确认、设计交底、设计变更等内容。

14.4 项目设计执行计划

项目部应在合同履约过程中要求承担设计工作的专业工程院编制设计执行计划或设计工作大纲。

设计执行计划/设计工作大纲是指导设计内部开展设计工作的计划，由设计经理负责编写，设计执行计划内容宜包括以下内容。

1. 设计依据

列出依据的文件。

2. 设计范围

可以用文字或图纸说明设计专业内容和设计区域范围，列出项目发包人另外委托的本项目设计内容。

3. 设计的原则和要求

依据合同和项目发包人的要求、本项目的有关批文、项目的特征、项目的目标及各项指标、国家或行业现行有关规定和要求等编制。

4. 组织机构及职责分工

在项目实施计划的基础上把设计部分的组织机构和职责分工具体化。

5. 适用的标准规范清单

依据合同的约定，根据项目规定的设计原则和统一要求，列出各专业设计、物资采购和施工验收等方面采用的国家现行有关标准规范的编号和名称等。

6. 质量保证程序和要求

满足合同约定的质量目标和要求、相关的质量规定和标准，同量满足本企业的质量方针与质量管理体系的要求。前者为项目发包人的要求，一定要满足，在设计执行计划中可以体现为设计原则、指导思想。后者是企业自身管理的要求，按照其中的程序和作业指导文件、格式化的模板操作，使设计标准化，从而保证设计质量，节省工时。设计执行计划要结合两者的要求，说明本项目执行的质量保证程序，提出设计质量要求，采用的作业指导文件和格式模板等。

7. 进度计划和主要控制点

设计进度计划是在项目总进度计划的约束条件下，根据设计内容，各专业之间的条件关系，与项目发包人、专利商、供应商和项目分包人等的依赖关系和资源配置等进行编制的。

编制设计进度计划时要充分考虑设计工作的内部逻辑关系及资源分配。为了满足总进度要求的设计完成时间，要以阶段工作成果作为其他专业设计输入的专业需要，加大人力资源的投入，加快提出条件的时间，使其他专业尽早开展工作，使所有专业设计进度均符合总进度要求。

设计进度计划的主要控制点要包括设计工作与设备材料采购、施工等工作之间的协调及进度要求，使设计计划满足工作总进度计划的要求。

8. 技术经济要求

要明确提出采用的技术、设备材料等要求，并将这些要求纳入设计统一规定中。

9. 安全、职业健康和环境保护要求

按照取得相关行政许可的消防、安全、职业健康和环境保护的批文，对设计提出要求。要充分考虑根据设计形成的产品在日常运行中可能存在的各类安全、职业健康和环境保护风险，在设计中增加相应的防护、应急措施和设备设施，并科学设计在突发事件应对中的易用性、可用性。同时还要考虑设计对项目施工安全职业健康和环境保护带来的风险，并做好与施工的接口管理工作。

10. 与采购、施工和试运行的接口关系及要求

按照项目计划中有关协调程序说明设计与采购、施工和试运行的接口关系及要求。

第15章 项目施工管理策划

建设工程施工管理（construction management）是指针对施工生产过程的管理，即施工企业根据施工合同界定的范围，对建筑产品进行施工的管理过程。它可以是一个建设工程的施工管理活动，也可以是其中的一个单项工程、单位工程和相关专业工程的施工管理活动。

工程总承包项目施工管理是指在工程总承包合同框架下，工程总承包商对施工总承包商的施工实施过程所采取的管理活动，或者工程总承包商自主组织施工实施时在施工管理的基础上所增加的管理活动。

15.1 工程总承包与施工总承包的关系

15.1.1 工程总承包和施工总承包的定义

工程总承包是指从事工程总承包的企业受业主委托，按照合同约定对工程项目的勘察、设计、采购、施工、试运行（竣工验收）等实行全过程或若干阶段的承包。工程总承包企业对承包工程的质量、安全、工期、造价全面负责。

施工总承包是指建筑工程发包方将全部施工任务发包给具有相应资质条件的施工总承包单位。根据《中华人民共和国建筑法》规定：大型建筑工程或者结构复杂的建筑工程，可以由两个以上的承包单位联合共同承包。

15.1.2 工程总承包和施工总承包的承包范围

工程总承包范围最广，包括项目资金管理、勘察、设计、施工（包括各项目、各专业）、请施工监理、办理工程竣工验收手续，提交各项工程资料等。最后交钥匙给业主，直接对业主负责。业主可以委托他方做工程总承包，也可自己管理，分项发包。

施工总承包是从业主或工程总承包处接受投资及施工图，负责整个工程所有分项；各个专业的全部施工任务，接受业主、业主委托监理和质量监督部门的监督。办理工程竣工验收手续，提交各项工程资料。

最后交钥匙给业主，直接对业主或业主委托的工程总承包负责。施工总承包单位，可以将部分分项、分专业工程再分包给其他施工单位分包，但要管理、监督分包单位的工作质量，对分包单位的施工质量向业主或工程总承包负责。

15.1.3 工程总承包和施工总承包的管理

在工程总承包模式下，工程总承包商将全面负责建设工程项目的实施过程，直至最终交付使用功能和质量标准符合合同文件规定的工程项目，因此，工程总承包方项目管理是贯穿于项目实施全过程的全面管理，既包括设计阶段，也包括施工安装及调试阶段。

工程施工单位通过竞争承揽到建设工程项目施工任务后，需要根据建设工程施工合同所界定的工程范围，依靠企业技术和管理的综合实力，对工程施工全过程进行系统管理。从一般意义上讲，施工项目应是指施工总承包的完整工程项目，既包括土建工程施工，又包括机电设备安装，最终成功地形成具有独立使用功能的建筑产品。然而，由于分部工程、子单位工程、单位工程、单项工程等是构成建设工程项目的子系统，按子系统定义项目，既有其特定的约束条件和目标要求，而且也是一次性任务。因此，建设工程项目按专业、按部位分解发包时，施工单位仍然可将承包合同界定的局部施工任务作为项目管理对象，这就是广义的施工项目管理。

15.1.4　工程总承包管理和施工总承包管理的知识体系

工程总承包管理和施工总承包管理都是项目管理下的分支，其应用的知识体系均采用美国项目管理学会（Project Management Institution，PMI）制定的项目管理知识体系（Project Management Body of Knowledge，PMBOK）。PMBOK 是一个大纲级别的体系，基本以纲要、框架为准，目的是更好地兼容各种具体管理技术，促进各种应用型专项管理工具的开发，并与这些管理工具灵活对接。

PMBOK 将项目管理划分为 5 个过程组、10 个知识领域，具体包括启动过程组、策划过程组、执行过程组、监控过程组、收尾过程组和项目整合管理、项目范围管理、项目时间管理、项目成本管理、项目质量管理、项目人力资源管理、项目沟通管理、项目风险管理、项目采购管理、项目利益相关方管理。

15.2　项目施工管理策划的内容

工程总承包项目履约策划的施工管理策划专项主要内容包括：构建施工阶段的策划体系，确认施工执行计划的编制目录，确认主要施工技术方案清单和危险性较大的分部分项工程专项施工方案清单。

15.2.1　施工阶段的策划体系

施工项目经理应组织施工项目管理策划活动，确保策划贯穿施工生产全过程，并形成相应的文件，项目管理策划结果应满足适宜性、充分性与有效性的要求。

策划过程包含明确项目范围、定义和优化目标，为实现目标制定行动方案的一组过程。策划过程要制定用于指导项目实施的项目管理计划和项目文件。由于项目管理的复杂性，可能需要通过多次反馈来做进一步分析。随着收集和掌握的项目信息或特性不断增多，项目很可能需要进一步规划。项目生命周期中发生的重大变更，可能会引发重复进行一个或多个策划过程，甚至某些启动阶段的管理活动。

一般情况下，策划可分为施工管理策划和施工过程管理策划。施工管理策划是指施工项目启动后针对施工管理活动而开展的一次总体性管理策划，作为策划的输出文件，项目部应编制施工项目管理计划和项目文件，对项目范围、时间、成本、质量、沟通、人力资源、风险、采购和项目相关方等所有方面做出规定。施工过程管理策划是指围绕施工过程，为实现施工目标而进行的具体详细的策划活动，由施工过程实施风险识别与分析、施工流程细分与管理目标分解、施工方案策划、施工工序管理策划组成。施工过程管理策划是施工管理的重要活动，直接关系工序管理的实施效果。

工程总承包项目部制定施工管理策划体系，用于指导、检查施工项目部的施工管理活动。

15.2.2 施工执行计划

工程总承包项目编制的施工执行计划用于指导、检查施工项目部编制施工组织设计，确认施工组织设计的内容是否符合工程总承包项目部制定的各项要求。施工执行计划一般包括下列内容。

1. 工程概况

工程概况是对整个工程情况的概括说明，主要内容包括工程构成状况、各专业工程设计概况以及建设项目的现场条件等。

工程构成状况是指工程名称、性质、建造地点、建设规模、项目建设单位、设计单位和监理单位等；专业工程设计概况是指建筑、市政和设备安装等各专业，如建筑工程中的建筑设计概况、结构设计概况等；工程现场条件是施工场地"三通一平"状况，水电供应能力和是否具有前期已完工的项目等。

2. 施工组织原则

贯彻国家对基本建设的各项方针政策，执行基本建设程序和施工程序，重视工程施工的目标控制，确保满足项目质量、安全、费用、进度、职业健康和环境保护等的要求。

符合施工合同或招标文件约定的建设工程质量、安全、环境保护和造价等方面各项技术经济指标的要求。

进行技术经济比较，优化施工技术方案，严格执行工程施工验收规范、操作规程，积极开发使用新技术和新工艺，推广应用新材料和新设备，提高施工的工业化程度，重视管理创新和技术创新，提高劳动生产率。

坚持科学合理的施工工序，充分利用时间和空间，加强综合平衡，实现均衡施工，合理利用资源，加快工程进度，达到合理的经济技术指标。

因地制宜，就地取材，减少物资运输量、节约能源；采取技术管理措施，推广节能和绿色施工。

合理部署施工现场，加强安全、职业健康与环境管理，提高场地利用率，减少临时设施用地。

现场管理与质量管理体系、职业健康安全管理体系和环境管理体系有效结合，组织机构设置力求精简、高效，推行计算机网络在项目中的应用。

企业取得最好的经济效益、社会效益和节能环保效益。

3. 施工质量计划

施工质量计划审批后作为对外质量保证和对内质量控制的依据，体现施工过程的质量管理和控制要求，包括下列主要内容。

（1）编制依据。

（2）质量保证体系。

（3）质量目标。

（4）质量目标分解。

（5）质量控制点及检验级别的确定。

（6）质量保证的技术管理措施。

（7）施工过程监测、分析和改进。

（8）材料、设备检验制度。

（9）工程质量问题处理方法。

4. 施工安全、职业健康和环境保护计划

（1）政策依据。

（2）管理组织机构。

（3）技术保证措施。

（4）管理措施。

5. 施工进度计划

施工进度计划包括编制说明、施工总进度计划、单项工程进度计划和单位工程进度计划。施工总进度计划要报项目发包确认。

6. 施工费用计划

7. 施工技术管理计划

施工技术管理计划包括施工技术方案编写要求。结构复杂、容易出现质量安全问题、施工难度大、技术含量高、危险性较大的分部、分项工程要编制专项施工方案。

8. 资源供应计划

资源供应计划包括五个方面的内容：劳动力需求计划，主要材料和预制品需求计划，施工机械设备、大型工器具需求计划，施工工艺设备需求计划，施工设施需求计划。

9. 施工准备工作要求

技术准备包括需要编制专项施工方案、施工计划、试验工作计划和职工培训计划，向项目发包人索取已施工项目的验收证明文件等。生产准备包括现场道路、水、电来源及其引入方案，机械设备的来源，各种临时设施的布置，劳动力的来源及有关证件的办理，选定施工分包商并签订施工分包合同等。

需要项目发包人完成的施工准备工作是指提供施工场地、水电供应、现场的坐标和高程等，要项目发包人办理报批手续。

施工单位的准备工作是指技术准备工作、资源准备工作、施工现场准备工作和施工场外协调工作。

策划时，对项目部拟定的施工执行计划目录进行讨论，指导项目部在后续编制施工执行计划。

15.2.3　主要施工技术方案清单和危险性较大的分部分项工程专项施工方案清单

策划时，讨论并补充完善项目部梳理的主要施工技术方案清单和危险性较大的分部分项工程专项施工方案清单，用于指导、检查施工项目部编制主要施工技术方案和危险性较大的分部分项工程专项施工方案，确保其及时性、有效性、完整性。

第16章 科技管理策划

16.1 项目科技创新与科研项目策划

项目科技创新与项目科研活动是对项目管理活动的创新、总结、提高，是提高项目管理水平，凝练公司核心竞争力的有效手段。

项目部应结合项目特点，在项目开展初期就全面规划，确定管理创新的着力点、科研活动的选题方向，并对预期的成果进行规划，既是工程总承包项目管理知识积累的需要，也是公司高新技术企业建设的需要。

通过项目科技创新与科研项目策划，初步提出科研项目的课题，并就课题的开展进行讨论，最终形成科研项目清单，为项目部下一步按计划开展科研活动提供指引。

16.2 科技成果策划

基于科研课题，通过科技成果策划，提出科研成果整理、发明专利和实用新型专利申报、各级工法申请，以及 QC 成果发表、论文撰写等科技及支撑成果的数量。

16.3 高新技术企业建设策划

16.3.1 高新投入规划

根据院二级单位科技项目管理工作指引的要求，项目部对拟列入高新投入的科研项目进行策划，以实现高新投入满足超过主合同额 3.5％的要求。

按院科技管理职能部门的统一部署，华东建管的科研项目依托工程施工设计所，即以工程施工设计所的名义签订内部科研合同。项目部是科研活动的主体，各分包商、供应商为项目部开展科研活动提供协助，需要施工分包商提供资料、数据、报告、成果等。项目部必须跟踪监督、及时上报，确保科研活动按计划进行。公司对项目部的科研活动进行立项审批、过程进展监督、成果验收、外部申报等管理活动。

项目部在日常备用金管理过程中，应对科研活动经费与项目管理费区分开来，由于人工费无法归集的员工产生活动经费仍按项目管理费处理。

科研项目开展过程中，与依托项目区分开来，视为一个独立的项目进行管理，在每一个科研项目项下实现人工费、材料费、设备租赁费、检测试验费、技术咨询服务费等费用的归集。

项目部应按科研活动策划的要求，及时开展各项活动，需要施工承包商配合的应提出具体要求，并按院科技管理职能部门的要求及时填写科研记录，建立科研投入的单独台账。

对科研活动成果中需要外部确认的，项目部可以在项目所在地或公司本部进行外部申报，如发明专利、施工工法、软件著作权、QC 小组等。

16.3.2　高新收入规划

根据院二级单位科技项目管理工作指引的要求，依据华东院专有技术汇总表，在每期结算报表确认后进行对照，形成项目专有技术结算确认表，编制每期结算额中归入高新收入的清单，并将清单反馈给院相关职能部门。

第17章 工程创优策划

优质工程是指建设程序符合国家相关法律法规的规定，依法组织实施建设，工程设计、施工执行国家、行业以及地方技术标准、规程规范的规定，无违反工程建设强制性条文的规定，投入使用运营经过一段时间检验，未出现质量安全问题，竣工验收在符合国家合格要求的基础上，各分部、分项工程质量水平优于同类项目的工程。

17.1 创优质工程的目的

创优质工程的目的是贯彻执行"百年大计、质量第一"的方针，促进我国建设工程质量的全面提高；贯彻落实可持续科学发展观，推动我国建筑业发展方式的转变，为我国建设工程质量树立新的标杆。

17.2 创优质工程的意义及作用

创优质工程是为建设工程树立最高质量标准，营造全行业争优创优的环境气氛，提高执业人员工作能力与技术水平，有力地推动工程质量的普遍提高，促进相关行业产品质量的提高，推动企业发展方式转变，不断提高市场竞争能力。

建筑企业塑造自己的品牌必须把工程质量放在第一位，因为工程质量的好坏直接关系到人民生命财产的安全。创优质工程是建筑企业品牌拓展的基础，建筑市场竞争的最终格局必定是品牌瓜分市场，谁拥有优质精品工程多，谁拥有的市场空间就大。优质精品工程的效应日渐显现强大的生命力。

成功创优质工程后，还能够为后续某些工程项目的投标提供准入条件。

17.3 工程创优策划的作用

通过工程创优策划，了解工程创优的要求和条件，筹划创优目标实现的方式、路径，建立逐层提升的创优目标体系。构建创优组织机构，明确具体职责，建立工作制度、程序、规则，全过程进行创优活动管理。

通过工程创优策划，指导项目部制定提升管理水平、提高工程实体质量、确保工程进度、实现工程本质安全的措施，规划"四新"技术在项目实施中的应用，及时总结科技成果。

通过创优策划，提出创优所需的各类资源投入，并预计投入渠道。

17.4　工程创优策划组织

工程项目创优策划是围绕项目所进行的创优目标策划、运行过程策划和确定相关资源等活动的过程。

项目创优策划的结果是明确项目创优目标、明确为达到创优目标应采取的措施，包括必要的作业过程。项目创优策划时应按"大质量"的概念进行，将工程产品的功能、性能、安全、可靠、观感、优良率、工期、成本、环保、工艺、检查以及组织的体系、制度、措施、方案、协调、评价、改进等内容均纳入创优策划的范围，按照"设计是龙头，设备是保证，施工是基础，监理是保障，调试是关键，生产运行见效果"的思路，及时与工程业主单位共同做好创优策划阶段的沟通工作，用系统的方法推进项目创优管理活动。

策划工作有总体策划、局部策划、阶段性策划、细部策划、分部策划、综合性策划等。履约策划时开展的创优策划主要针对创优的总体策划，创优的其他策划可以在履约过程中视创优管理的需要，适时组织进行。

17.5　工程创优措施

17.5.1　创优管理措施

（1）强化事前培训，知行合一。通过培训让执行层了解具体的创优标准，并落实到具体施工过程中，使创优细则、考核标准相关条款、施工组织设计、施工技术交底等内容，通过分层次培训、学习、交底后得到有效落实。

（2）强化短周期检查和控制。按时间段进行短周期过程检查，以提高检查的均衡性。通过测量和监督的手段发现问题和不足，及时有效控制和纠正问题，加快 PDCA 循环，促进螺旋上升的速度。

（3）强化过程中持续改进。依照标准对照创优目标不断评价、及时评价，不断发现问题，及时采取措施纠正偏离。按照质量管理原理，依据现场、现物、现实查找的问题，制定改进目标，通过 PDCA 循环进行质量改进和创新。

在工程建设过程中，采取有效措施狠抓细节，自主创新，博采众长，规避众短，执行"强条"，采用现行标准、设备和主要材料的技术协议，进行风险设防，对工程资料收集整编，并对成品保护，形成科技成果。

17.5.2　创优保障措施

（1）建立考核激励机制。围绕达标创优工作，采取有效激励措施，调动各参建单位积极性，做到各司其职、献计献策、开拓创新。按照定期考核结果，奖励实现目标要求和获得优秀成果的先进单位、集体、个人，约束达不到目标的行为。

（2）全面推行项目管理标准化、安全生产标准化工作。通过开展标准化工作，促使质量管理、职业健康安全管理、环境和节能减排管理等基础工作有序受控，持续有效实现工程施工过程中质量目标、职业健康安全目标、环境和节能减排目标。

（3）鼓励科技进步。采取有效措施鼓励各参建单位充分发挥科学技术对工程施工、质量安全、环境保护、节能减排、经济效益等方面的支撑作用，并争创高级别的优秀科技成果奖项。

（4）广泛开展 QC 小组活动。采取有效措施鼓励各参建单位组织本单位管理层、操作层员工积极开展 QC 小组活动，并争创高级别的优秀 QC 成果。通过 QC 小组活动，重点解决施工质量通病，提高单元工程优良率，确保工程实体质量水平达到优良等级。

（5）定期开展样板工程评选。按照样板引路的思路并结合工程施工特性，定期组织各参建单位参加样板工程评选，并对评选为样板工程的施工项目经理部给予重奖。

（6）落实工程图片、影音记录的收集整理工作。规定具体工作要求并明确责任部门，根据工程施工进度及时收集整理工程图片、影音记录等原始见证性资料。影像资料应满足工程档案、工程创优的质量要求。

（7）落实工程创优培训和咨询工作。适时组织各参建单位人员重点学习国家标准强制性条文，国家有关安全、质量、环保、新技术等方面法规，以及行优和国优评选规定。邀请专家到现场对强制性条文、创优工作进行培训、咨询、指导。

（8）落实工程创优日常考核评价工作。各级创优组织管理机构根据职责分工，定期对工程创优工作进行检查、指导、考核。

17.6　工程创优策划的应用实践

亚运场馆及北支江综合整治工程 EPC 项目部经过项目总体策划、项目扩大总体策划、项目创优专项策划等多次管理策划活动后，针对拟创优评奖的单体工程，编制了《北支江水上运动中心项目创优方案》，方案目录如下：

第一章　工程概况

第二章　工程特点

第三章　创优目标

第四章　创优组织机构

　　一、质量创优组织机构图

　　二、质量职责

第五章　工程创优申报程序及创优计划

　　一、钱江杯创优条件

　　二、创优要求及对接部门

　　三、创优计划时间

　　　　富阳区：

　　　　杭州市：

　　　　浙江省：

第六章　工程创优保证措施

　　一、工程创优总措施

　　二、土建部分创优措施

　　三、装饰装修创优措施

第18章 国内工程总承包项目履约策划实践

富春江东洲北支江位于富阳主城下游3km、富春江上最大的岛——东洲岛之北，西起东洲大岭山脚，东至江丰紫铜村，全长12.5km，一般江面宽250～300m。随着富阳区的发展，东洲岛已升格为东洲街道，成为富阳区的城市阳台。《富阳市域总体规划（2007—2020年）》将东洲岛定位为杭州市近郊度假运动休闲新城和高档社区，还计划在东洲北支江内建设游艇基地。

杭州市成功申办2022年第19届亚运会，提出了"绿色、智能、节俭、文明"的理念，将融合信息经济、智慧应用，利用"互联网＋"办成一届智能化程度较高的亚运盛会。其中举办赛艇、皮划艇项目的北支江水上运动中心及水上激流回旋项目场馆选址北支江，将为富阳的城市发展尤其是文化体育事业发展提供了重要契机。

亚运场馆及北支江综合整治工程PPP项目正是为适应富阳市域总体规划及杭州市2022年亚运会承办需求而实施的重大项目。该项目于2017年12月完成招标，采用政府和社会资本合作（PPP模式）进行投融资建设，合作期限为23年，其中建设期3年，运营期20年。运作模式采取PPP模式；建设管理模式采用EPC总承包模式，负责项目建设内容的设计、施工、采购。

水上激流回旋亚运场馆（北支江水上运动中心项目）和赛艇皮划艇亚运场馆的实际开工日期为2019年3月20日，竣工日期为2021年6月28日。2021年11月23日通过杭州亚组委赛事功能综合验收。

18.1 概述

18.1.1 工程概况

北支江水上运动中心项目、皮划艇激流回旋项目位于杭州市富阳区东洲街道北支江南岸。该工程是杭州市第19届亚运会赛艇、皮划艇、激流回旋项目赛事场馆，届时将产生30枚金牌，是浙江省重点工程、民生工程，是杭州市"世界赛事之城、运动友好城市、活力休闲之都"战略实施的重要举措，对构建杭州市和谐社会和精神文明建设具有重要意义。

工程由北支江水上运动中心场馆，皮划艇激流回旋场馆，2000m长赛艇赛道，长410m、宽20m、落差4.5m、水流量每秒15m³国际赛事标准皮划艇激流回旋赛道，以及终点塔楼、水泵房及进水箱涵、看台、观众服务设施、艇库等相关配套设施组成。

北支江水上运动中心项目的用地面积为80757m²，总建筑面积为64013.18m²，地上建筑面积为41642.08m²，地下建筑面积为22371.10m²，人防建筑面积为3362.5m²，基础为钻孔灌注桩基础（后注浆），上部结构为框架结构，其中大跨度部分采用型钢混凝土结构。该项目设一层地下室，主要功能为机动车库厨房和设备用房，地上为六层多层建筑，屋面为覆土种植屋面，建筑高度 24m。建筑密度（覆盖率）为 29％，容积率为 0.51，绿地面积为 22681.9m²，绿地率为 33.2％，机动车停车位合计 322 个。

皮划艇激流回旋项目用地面积为 47307m²，总建筑面积为 3700m²，地上建筑面积为 3700m²，地上为一层，结构为框架结构，屋面为覆土种植屋面，建筑高度 9.4m。建筑密度（覆盖率）为 6.5％，容积率为 0.07，绿地面积为 22540m²，绿地率为 47％，机动车停车位合计 32 个。

18.1.2　项目特点

工程涉及亚运赛事场馆建设和城市综合整治，项目具有范围广、规模大、周边环境多样、工程建设工期紧、施工质量要求高等特点。

（1）项目建设包含赛艇皮划艇、水上激流回旋两项亚运赛事场馆建设项目，是保障亚运赛事顺利进行的重要建设组成部分，项目建设具有政治性意义。

（2）项目内容包括场馆建筑工程、堵坝拆除及河道清淤工程、水闸工程、景观绿化工程和桥梁工程等，子项目较多，涉及水利工程、建筑工程、市政交通工程，涉及内容和专业较广，施工内容丰富，项目建设需要多个专业的施工承包商。

（3）项目的建设内容多样，项目前期的审批程序较为复杂，设计工作反复较多且设计周期较长。

（4）项目涉及亚运场馆建设和城市综合整治，对工程设计方案水准和设计质量要求较高。

（5）项目均围绕约 12.5km 长的北支江区域布置，南北两岸沿线主要涉及八个行政自然村，包含富阳区和西湖区两个行政区，沿线涉及公用设施及民用房屋、土地征拆、公共设施迁移等，征拆项目繁杂且数量众多，需要妥善解决好本工程与地方关系，政策处理和协调工作众多、处理难度较大，政策处理和施工同步进行。

（6）项目施工工作面多围绕在北支江河道及周边，紧邻水域和城市居民区，施工期的环境保护特别是噪音控制和对水体的保护是项目实施过程中的重要工作之一。

（7）项目施工线路长，沿线作业面众多且作业面多相互交叉，施工干扰较大，施工分区和封闭管理难度较大，安全文明施工要求较高。

（8）项目涉及河道清淤工程量 280 万 m³ 左右，清淤工程量较大，清淤的有效实施、综合利用是本项目的一项重要课题。

（9）项目施工交通需要利用部分城市道路，城市道路车流量较大，施工期间不可避免地会对当地交通造成影响，交通安全问题突出，且施工期存在不同时段和区域的交通改道问题，交通疏解和保障交通安全压力较大。

（10）项目必须满足 2022 年 9 月举办杭州亚运赛事的项目建设进度要求，按照招标文件要求，计划 2021 年 1 月底之前亚运场馆项目完工，工期紧、任务重。

（11）项目涉及专业较多，施工承包商较多，总承包项目沟通和协调工作众多，总承包管理工作量大、管理难度较大。

18.1.3　项目定位及战略要求

根据华东院对该项目的企业策划，亚运场馆及北支江综合整治工程为截至 2021 年华东院中标且控股的最大的 PPP 项目，项目实施采用 EPC 总承包模式，华东院为 EPC 总承包唯一实施单位；项目合同界面清晰，施工内容包含水利、建筑、市政交通等多个专业，施工内容专业丰富，对华东院综合人才的培养具有较大意义；项目涉及两座亚运场馆工程，为华东院首次中标的大型体育赛事工程，对华东院后续业务扩展和同类工程的设计、施工管理经验积累具有重大战略意义。

鉴于该项目属于富阳区重要且重大的城市综合整治工程，具有稀有的亚运概念，社会关注度较高。随着华东院该项目总承包的实施，工程总承包项目部应借助华东院雄厚的多专业设计实力、总承包管理能力，努力把该工程打造建设成为华东院在富阳区的品牌工程，让顾客（政府和人民）满意；努力做出科研成果和产出质量较高的设计成果，以获得"钱江杯"奖为目标，并努力获得国家级奖项；抓住机遇，拓展富阳区城市建设新业务，使华东院成为富阳区城市建设的重要力量。

18.2 项目实施组织机构

北支江综合整治及亚运场馆项目为综合型大型项目，由华东院的工程总承包专业实施二级机构负责组织和实施。依据合同文件和项目特点，华东院发文成立项目部，任命项目经理；另外，经项目班子成员商议后，由项目经理任命子项目负责人及二级部门经理，并抄报专业实施二级机构。二级项目部不设部门，由子项负责人统筹协调项目的总体管理工作。项目部成员主要来自华东院内部员工，总承包管理经验丰富，并辅之适量的社会招聘，项目部各岗位将按照"一岗双责""双岗同职"的原则进行配置。项目部各工作岗位，将根据项目各阶段的特点、员工的培养进行动态调整。在施工单位进场后，并要求其上报组织机构和授权分工，建立包含施工单位的分层分级管理体系。

项目采用"管理层（项目班子）→执行层（部门）→实施层（现场管理）"三级管理模式。总承包项目部对工程项目进行质量、安全、进度、费用、合同、信息等的管理和控制，承担相应的管理和建设责任。亚运场馆及北支江综合整治工程 EPC 项目组织框架如图 18-1 所示。总承包项目部将采用矩阵式组织形式，由项目决策层、项目管理层和项目执行层三个层级组成。

第一层次：项目决策层，由项目总负责人（项目经理）、项目常务负责人、项目设计负责人（设计经理）、项目技术负责人（项目总工）、项目施工负责人（生产经理）、安全总监、商务经理、费控经理等人员组成，负责该工程建设过程中重大问题的决策以及决策支持工作，确保按期实现工程建设目标。

第二层次：项目管理层，由工程技术部、设计部、安全环保部、合同采购部、综合管理部等五个职能部门组成，其管理覆盖工程建设的全部内容和全过程。

第三层次：项目执行层，包括土建施工、金属结构、机电设备安装等施工分包单位、设备材料供应商、其他合作单位等，承担项目施工作业和材料供应加工等相关具体工作。

另外，专家组设在华东院，由华东院各专业相关专家人员组成。在项目实施过程中，根据不同的专业和技术需要，由总承包项目部请示院相关部门同意，由院专家组到现场指导工作，解决工程实施过程中遇到的重大技术和管理问题。

该工程施工按涉及行业分 4 个主体施工标，按此特性，将项目部管理人员分成 3 个主

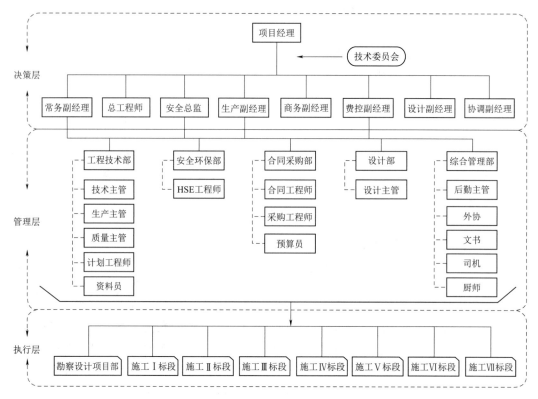

图 18-1　亚运场馆及北支江综合整治工程 EPC 项目组织框架图

体施工工区工作组，打破部门职能界限，由工作组直接统一协调管理，将现场、进度、质量、安全、技术、计量结算等工作统一管理，及时解决各项问题。工作组设置组长（子项经理）和副组长（AB 角），对本小组的工作负责，定期向项目经理和项目班子汇报工作。

　　总承包项目部具体监督和管理工程的实施，管理层负责工区施工项目全面的管理职能，并向总包项目经理负责。作业层各单位具体实施其负责的各项具体工作，并向总包项目部负责。

　　在项目总负责人的统一领导下，机构各单位分别负责各自职能范围内的工作并承担相应的责任，将各自负责的职能有机协同，整体服务于工程总体目标。

18.3　进度管理效果

18.3.1　项目主要进度

　　北支江水上运动中心项目于 2019 年 3 月 21 日开始试桩，6 月 6 日开始水泥搅拌桩基坑支护施工，6 月 28 日开始基坑土方开挖，7 月 17 日浇筑地下室首仓（2 区）底板垫层混凝土，7 月 30 日开始底板防水施工，8 月 8 日完成地下室全部区域土方开挖及边坡支护内容，8 月 30 日浇筑地下首块（6 区）底板混凝土；2020 年 4 月 26 日开始浇筑裙楼最后一块（5 区）屋面混凝土，后浇带于 2020 年 5 月 30 日浇筑完成。

　　二次结构 ALC 砌体填充墙于 2020 年 4 月 22 日开始安装，于 6 月 12 日施工完成，6

月 8 日完成地基与基础结构验收，6 月 30 日完成主体结构验收，室内设备管网、装饰装修开始施工。2021 年 3 月 18 日完成人防区全部施工内容，4 月 19 日完成人防工程验收。

皮划艇激流回旋场馆于 2019 年 4 月 15 日开始试桩，10 月 13 日开始基槽土方开挖，12 月 24 日浇筑地梁混凝土完成；2020 年 1 月 12 日开始浇筑首块（1 区）屋面混凝土，4 月 29 日浇筑最后一块（3 区、4 区）屋面混凝土。二次结构砌体填充墙于 2020 年 7 月 1 日开始砌筑，于 7 月 22 日施工完成。

皮划艇激流回旋水泵房桩基于 2019 年 9 月 21 日开始施工，11 月 8 日开挖水泵房、箱涵，11 月 12 日开始深基坑围护施工，11 月 25 日开始水泵房箱涵水泥搅拌桩施工；2020 年 1 月 1 日浇筑水泵房底板垫层混凝土，1 月 17 日浇筑水泵房底板混凝土，4 月 15 日完成箱涵墙、顶板混凝土浇筑，6 月 5 日完成水泵房墙、顶板混凝土浇筑。

皮划艇激流回旋赛道于 2020 年 1 月 1 日开始土方开挖，3 月 27 日浇筑赛道第一段垫层混凝土，4 月 3 日浇筑赛道第一段底板混凝土，7 月 1 日浇筑赛道最后一段墙板混凝土。

2020 年 8 月 21 日完成主体结构验收，室内设备管网、装饰装修开始施工。

18.3.2 项目进度保证措施

严格按照审批的进度计划实施，将总进度计划分解到年、月、周，确保人员、材料和设备的投入。进场的大型设备包括旋挖钻机、灌浆泵、4 台塔吊、8-650t 汽车吊、振动碾、液压反铲、自卸汽车及载重汽车、3 台临时变压器、40 多台高空作业车、20 多套吊篮等。进度出现偏差时，及时采取措施，通过调整组织机构、优化方案、调整施工顺序、多个工作面同步作业、夜班作业等，取得了一定成效。

各临时工程按照主体工程进度，同步投入，使用完毕后及时拆除，环水保等设施按照三同时要求实施。

18.3.3 项目进度分析

场馆工程的主要节点完成时间对比分析见表 18-1。

表 18-1　　　　　　　　场馆工程主要节点完成时间对比分析表

考核节点	要求完成时间	实际完成时间	对比分析
桩基施工完成	2019-06-30	2019-06-25	提前 5 天
地下室结顶	2019-10-31	2019-11-07	滞后 7 天
主体结构结顶	2020-01-20	2020-01-18	提前 2 天
装饰装修及安装工程	2020-11-30	2021-03-31	滞后原合同，符合调整后要求
竣工验收合格	2021-01-31	2021-03-31	滞后原合同，符合调整后要求

注　项目受 2019 年 8 月台风、2020—2021 年新冠肺炎疫情防控、装修及幕墙方案调整、室外工程增加堤防及切滩、永久水电气未到位等影响，工程进度滞后于原合同，总体工期符合调整后工期要求。

18.4　技术管理效果

18.4.1　技术文件体系

项目管理团队进点后，编写《项目实施规划》。在进行履约策划后，将项目实施规划拆分为《项目管理计划》和《项目实施计划》，构建项目技术文件体系，明确工程总承包项目部编制的技术文件和施工项目部编制的技术文件。

18.4.2　工程建设强制性标准条文执行

在工程施工过程中华东院积极履行施工合同规定的条文，严格执行施工合同质量要求。

在整个施工过程中，建设、监理、EPC 总包、地勘、施工等参建单位共同严把质量关，严格执行《工程建设强制性标准》，并严格按现行建设施工验收规范进行检查验收，确保了建设工程质量符合设计与规范要求。

18.4.3　施工技术方案编制

工程开工前，项目有关人员对施工图纸都进行认真熟悉和理解，建设单位及时组织图纸会审。

每一子项工程开工前，施工承包商编制施工组织设计，经总包项目部审核后报监理审批，同意后实施。

施工前施工单位编制完成 24 项专项施工方案等一系列方案，经总包部审核后报监理审批，同意后实施，施工过程中总包部经常检查，落实质保措施。危大工程按照住建部31 号文和 37 号令的要求实施，对于超危工程还按要求组织了外部专家论证，总包部全程主导，有效保证了项目顺利实施。

18.5　工程质量控制效果

18.5.1　质量体系建立

总包项目部严格遵守单位"百年大计、质量第一"的质量方针，按照总包的质量管理体系要求、管理程序和监理程序办理，严格执行施工验收规范和操作规范规定，严格执行各项标准，重点检查强制性标准。项目质量体系运转正常，未发生质量事故。

施工项目部根据公司管理标准，建立了在公司总工程师领导下，项目经理、项目工程师中间控制，专业工长、专职质检员基层检查的三级管理，并在各班组设立兼职质检员，对本班组的工程质量进行自检，前道工序不合格的严禁下道工序介入。

各施工工序按施工技术标准进行质量控制，每道施工工序完成后，经施工自检符合要求后，再进行下道工序施工，各专业工种之间的相关工序进行交接检验，并形成记录。

对于监理单位提出检查要求的重要工序，经监理工程师检查认可，再进行下道工序施工。

18.5.2　质量体系运行

总包项目部已建立健全质量体系，有相应的施工技术标准、施工质量检验制度和其他相关质量管理制度。现场质量责任落实到人。施工单位主要专业工种均持证上岗，严格按其公司及项目分包单位管理制度对劳务单位和专业施工单位进行管理。项目部建立了施工技术标准目标，并定期进行更新。

开工前，总包部组织施工单位等认真组织图纸会审，并形成了书面图纸会审记录。项目地质勘察资料齐全。施工组织设计、施工方案按要求编制，并按程序组织报批，审批手续齐全。

主要的物资采购均由施工单位统一集中采购。施工项目部按要求上报采购计划，并做好进场的材料、构配件等进场检验，按要求取样、送检。施工项目部配置了测量仪器设备，均按要求进行了校准，施工期经常自查。现场设置有混凝土标养室，试验检测均由建设单位委托富阳区建筑工程质量检测有限公司、浙江邦尼试验检测有限公司、浙江久正工程检测有限公司等组织实施。

总包部、施工项目部建立了工程质量检查验收制度，加强对过程质量检查，所有检验批次在班组自检、班组长复检、施工项目部专职质检员检查合格后，报 EPC 总承包单位专业工程师，由总承包单位复核后，负责向监理单位报验。

18.5.3 技术控制措施

工程开工前，总包部、施工项目部有关人员对施工图纸进行认真熟悉和学习，建设单位及时组织了图纸会审，施工前编制了施工组织设计和详细的专项施工方案并报批，落实了质保措施。

施工过程中按事前有计划、事中有控制、事后有检查的工作方法，对各关键分项工程（钢筋工程、模板工程、钢结构吊装、型钢梁柱节点焊接、混凝土浇筑、安装工程、装饰装修工程、室外市政景观施工等）进行了技术交底。对工程中的技术难点、重点及时邀请设计人员及专家到现场进行指导施工。

对进场各项工程用材及施工机具等实施见证取样、检查报验制度，并且由建设单位委托第三方试验室对原材料和中间产品进行检测。结构工程中对各种规格钢材均进行了见证取样；由于事前对工程原材料、施工组织进行了全面的检查，施工中未因材料等问题出现返工。

18.5.4 过程质量控制

在工程施工过程中，施工项目部严格按施工组织设计及有关施工方案组织各班组施工，总承包项目部组织检查、验收。在 EPC 总承包项目部的严格把关和精心组织下，通过参建各方及公司的大力支持，特别是华东院、勘察单位、质量安全监督站等有关单位多次到现场检查、指导工作，北支江水上运动中心项目、皮划艇激流回旋项目结构质量、机电设备安装质量、装饰装修等分部分项工程施工质量实现了合同目标控制要求。

18.5.5 工程观感质量

拆模后混凝土基本能做到外光内实，观感质量、构件截面尺寸控制较好，无露筋、蜂窝、孔洞、空鼓等缺陷；构件尺寸、轴线位移、垂直度、平整度符合等均符合图纸设计及规范要求；主控项目无缺陷；一般项目中混凝土局部有漏浆、麻面等一般缺陷，经缺陷修复后验收合格。

机电安装管线设备安装完成后，参建单位对该工程机电安装做了全面的质量检查，材料进场报验，工序报验及时，材料合格符合设计要求，各专业管道预埋套管，符合设计和施工规范要求，电线导管施工符合设计和验收规范要求，各专业预埋开关、接线盒、标高等位置正确，符合设计要求。防雷接地焊接合理，等电位位置正确，引出线符合要求。各专业管道排布顺直，空间布置合理，电缆电线走线整齐规范。

装饰装修施工完成后，观感质量控制较好，抹灰采用水泥砂浆，品种和性能符合设计要求，抹灰层无脱落层、空鼓，面层无爆灰和裂缝，乳胶漆无脱落层及空鼓现象，表面光滑洁清，接槎平整，线角顺直清晰，颜色一致，无明显刷纹。木门的品种、类型、规格、开启方向、安装位置及连接方式均符合设计要求。吊顶标高、尺寸、起拱、造型、材质、品种规格、颜色，以及吊杆龙骨的材质、规格、安装间距、连接方式等均符合设计和施工验收规范的要求。地面平整，PVC 地胶无空鼓现象。

18.5.6　QC 活动开展

开工伊始，总承包项目部、施工项目部根据工程特点均成立了 QC 小组，对现场施工施行规范化管理，强化现场施工人员和管理人员的质量意识，同时安排专职人员对施工情况进行监督和检查，严格把控质量验收过程，划分责任范围，责任落实到人，运用全面质量管理的知识，先后在桩基、型钢混凝土结构、二次结构、机电安装、装饰装修施工过程中开展一系列 QC 活动，获得丰富的成果。QC 活动的有效组织，不仅使施工质量问题得到有效解决，还提高了项目部管理人员参加质量管理活动的积极性，增强了团队合作的意识，保证了工程质量。

18.6　安全文明施工效果

为完善责任体系，落实项目 HSE 管理要求，华东院工程总承包项目部组建成立项目安全生产委员会。项目部制定安全交底和安全教育制度，组织总承包项目部和督促分包单位进行安全交底和落实三级安全教育。

各项培训采取集中学习或个别授课方式，培训参与率 100% 并留下书面记录。培训教育内容根据工作岗位、现场活动范围参考院和项目部安全生产相关内容。

总承包项目部组织对分包商管理人员进行进场 HSE 交底和第一次 HSE 进场教育，由总承包项目部质量安全环保部负责交底和授课。检查、督促施工方开展班前安全交底活动。督促施工方落实危险作业人员、新进场人员、转岗人员的安全教育；督促施工方按作业工种、分部分项工程、机械设备使用等进行安全技术交底并留下记录。

施工前，就重点部位和关键环节向施工单位进行安全技术交底；督促施工单位制定专项施工方案，总承包项目部组织对方案进行评审，根据通过后的方案施工单位向施工班组进行安全技术交底，再由班组交底到个人；整个交底过程完成后进行施工。总承包项目部监督抽查安全技术交底工作落实情况和备案相关记录，备案专项施工方案。

施工单位结合公司安全管理可视化手册和安全管理平台，根据项目实际情况，制定安全文明施工条例，并在工作中监督执行。各分项施工前对班组进行安全三级教育，并对工地派专职安全员巡检，消除安全隐患。

工程开工前，施工项目部按照浙江省标化工地的各项标准，结合建筑公司可视化手册，实行标准化施工，对材料堆放、工地宿舍、文化设施进行统一安排，对拆除的材料及时清理，及时清退不必要的施工材料，工地产生的建筑垃圾指定专人打扫，装车外运，并对工人进行文明施工教育，让整个工程保持整洁、文明，实现了安全施工、文明施工。

18.7 工程创优效果

18.7.1 工程创优目标及路线

项目创优目标：确保"钱江杯"，争创"国家优质工程奖"。

工程创优路径：主体结构竣工（2020 年 6 月 30 日）→获"西湖杯"优质结构工程奖（于 2021 年上半年已获得）→工程竣工（2021 年 6 月 28 日）→获"富春杯"奖（2021 年 10 月）→获"西湖杯"奖（2021 年 11 月）→获"钱江杯"奖（2022 年 6 月）（"中国电建优质工程奖"2021 年 11 月）→获"国家优质工程奖"（计划 2023 年 4 月）。

浙江省安全生产管理优良工地创建情况如下：①民工学校已验收并获得了富阳区十佳民工学校；②2020 年 5 月获得安全生产管理优良工地参选资格。

18.7.2 工程获奖及科技成果情况

项目已取得富阳区、杭州市、浙江省"双标化"工地，富阳区"富春杯"优质工程奖、中国电建优质工程奖等奖项，相关获奖及科技成果统计汇总详见表 18-2。

表 18-2　　　　　　　　　　工程获奖及科技成果统计汇总表

类　　　别	项数	最　高　等　级
优质结构工程奖	3	省部级
设计奖	1	市局级
标化工地	3	省部级
发明专利	5	
实施新型专利	9	
QC 成果	15	省部级
论文	6	核心期刊
BIM 应用奖	3	"优路杯"金奖

第19章 国际工程总承包项目履约策划实践

19.1 概述

19.1.1 项目概况

阿巴-萨姆尔（Aba Samuel）水电站始建于1939年，由意大利人设计建设，原装机容量为3.0MW，1953年扩建改造为6.0MW。枢纽建筑物由浆砌石挡水坝、引水建筑物（引水进水口、引水明渠、前池、压力钢管）和发电厂房组成。由于设备老化、年久失修、水库淤积、暴雨冲毁引水渠道和压力前池，于1974年废弃。修复工程内容包括大坝维修、修复原有引水系统、利用原有厂房选择合适的水轮发电机组、更新机电设备、恢复原电站发电功能，修复后的水电站装机容量将达到6.6MW。

受业主委托，华东院采用设计—采购—施工（EPC）模式承担阿巴-萨姆尔水电站修复工作，设计由华东院二级专业工程院负责，采购由华东院设备成套事业部负责，施工由国内招标的施工分包单位负责，工程于2014年11月17日开工，2016年11月17日通过联合验收组的技术验收并投入商业运营。

19.1.2 项目特点及重难点

原阿巴-萨姆尔（Aba Samuel）水电站是埃塞俄比亚第一座水电站，始建于1939年，由于当时技术条件、基础条件和设备限制，存在着技术落后、淤积严重、效率低、安全隐患多等特点，工作面散，工程量不够集中。项目的重难点主要如下。

（1）项目的范围及投资额度是事先界定的。对于该项目而言，由于采用固定总价模式，项目的投资额度控制具有相当大的压力。

（2）项目的甲方是双重的。项目建设的过程是同项目所在国友好合作的过程。项目建设的原则和建设过程中的具体情况，都须经过双方友好协商一致，妥善解决。没有项目所在国政府和人民的积极支持和密切合作，项目建设就不可能顺利进行。项目的目标既要符合国内业主对项目的总体要求，包括规模、功能、投资、进度、服务等方面，又要满足项目所在国方面的功能要求，要符合当地的风土人情和实际情况。

（3）项目工作环节多且要求高。国际工程在设计过程中，除了正常设计阶段外，设计前期工作比较复杂，增加了非常规的项目考察活动、国内设计审查（监理）、项目所在国审查、概算调整、设计文件翻译等程序。

（4）EPC总承包项目国内、国外双线作战。项目建设在国外，但大量筹建工作在国内。外派人员的选派、设备材料的供应、中方负担的当地费用的提供乃至外派出国人员的生活物质的供应等，都会直接影响项目的建设，若施工过程中出现重大问题，更需要国内相应的主管部门迅速决策，及时对现场项目部给予指导。此外，该项目为业主第一个尝试采用 EPC 总承包模式的项目，对项目 EPC 总承包团队是一个全新的挑战。

（5）项目的建设受项目所在国的国情限制。项目所在国的政治经济状况、技术和管理水平、风俗习惯和生活条件等，各有不同，必须因地制宜，使项目的设计方案、设备选型、建筑形式和标准、施工方法等，适合项目所在国的国情，因此大大增加了项目管理工作的难度和复杂性。

（6）改造、修复项目受限制较多。项目内容包括大坝维修、修复原有引水系统、利用原有厂房选择合适的水轮发电机组、更新机电设备、恢复原电站发电功能等，尤其是大坝进水口及底孔改造，作业空间狭小，年久失修，大坝底孔、进水口和廊道之间均有水流串通，埃塞俄比亚方对于坝体内实际情况也所知甚少，给进水口和底孔改造及闸门等安装带来了很大的困难。由于受当时技术条件和设备的限制，发电厂房容积有限，在重新安装发电机组、更新机电设备时，需要精打细算，充分利用每一寸空间。由于改造项目的特点，也会增加本项目实施的复杂性。

（7）自然条件恶劣性。

1）雨季对于现场的施工组织影响很大。项目建设场地 Akaki 河流域海拔在 2000m 以上，属高原和亚热带森林气候，最热月（5月）平均气温 17℃，最凉月（8月）平均气温 12℃，年平均降水量为 1116mm，年内 4—10 月为雨季，11 月到次年 3 月为旱季。年径流主要集中在 7—9 月，约占全年总量的 86%。埃塞俄比亚雨季约占全年一半的时间，受降雨影响，现场的内、外部交通均受到影响。项目建设的物资、设备运输困难，场内的施工交通组织不畅，影响现场的施工效率。此外，由于雨季强降雨，很难组织基础部位，以及引水明渠的施工，影响了施工进度。

2）供水、供电及通信条件差。工程区为缺水地区，当地用水主要靠泉水和打井取水，在项目进场前期，主要靠运水车从外部运水来解决现场的生活用水。埃塞俄比亚电力发展比较落后，发电装机总容量为 1074 万 kW，仅有 17% 的人口能用上电，农村地区几乎没有电力供应，项目场地附近的输电线路年久失修，供电不稳定，影响到现场的金属结构、电气施工，以及现场人员的生活，主要通过柴油发电机进行供电；工程区附近通信条件较差，手机信号较差且不稳定。配置对讲机进行施工区内部通信使用，配置海事卫星电话作为对外的紧急联络方式。

（8）政治与社会复杂性。埃塞俄比亚共有人口 1 亿多人，是非洲第二大人口国，全国有 80 多个民族。埃塞俄比亚还是发展中国家，以农牧业为主，工业基础薄弱。政治与社会复杂性可见一斑，在项目实施过程中有以下几方面问题：①因埃塞俄比亚方履约不到位导致村民阻工引起的停工。②项目非常规安全风险大，自项目开工起，项目发生袭击、盗窃事件数十起。后通过埃塞俄比亚国家电力公司，聘请了埃塞联邦警察驻场，情况才得以好转。③埃塞俄比亚宣布 2016 年 10 月进入全国紧急状态，不少外资工厂也受波及蒙受损失。

19.1.3 项目实施程序

项目实施程序框图如图 19-1 所示。

19.1.4 项目实施效果

该项目以"树华东院国际工程 EPC 品牌，创业主国际工程 EPC 示范项目"为目的，

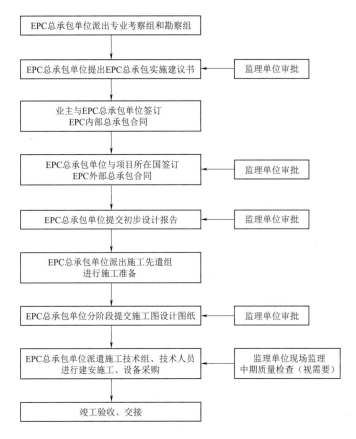

图 19-1　项目实施程序框图

项目实施按照"小项目、大责任"的工作理念，严格合同要求，与参建各方共同努力，克服了诸多意想不到的困难及非传统安全风险的不利影响，保质保量完成项目的实施任务。工程已于 2016 年 10 月 16 日全部完工，较合同约定的计划完成时间提前 1 个月。2016 年 11 月 7 日、17 日先后通过了内部竣工验收和对外技术验收，并与埃塞俄比亚方共同签署了工程合格证书。2016 年 11 月 17 日工程开始投入商业运行，2017 年 11 月 17 日完成缺陷消缺，并取得《缺陷责任期关闭证书》，电站稳定运行良好。项目质量、安全管理体系健全，管控措施有效，未发生质量、安全事故，工程质量等级评定为优良，做到了"安全、质量、工期、成本、功能"五统一，项目的顺利实施对业主实施项目的模式具有示范作用。

19.2　项目管理目标

根据项目的规模、复杂程度和边界条件、总承包项目任务书，设置以下项目实施目标对项目进行整体控制，包括进度控制目标、质量控制目标、成本控制目标、安全控制目标和环境管理目标等。

1. 项目进度控制目标

根据"EPC实施任务内部总承包合同",项目计划于2014年10月1日工程开工,2016年9月底工程完工,工程总工期24个月。

工程控制性节点进度见表19-1。

表 19-1 工程控制性节点进度一览表

序号	工 程 项 目	完工日期	备 注
1	Akaki至坝址和厂房道路升级改造	2014年11月30日	埃塞俄比亚方负责
2	施工区征地移民	2014年9月30日	埃塞俄比亚方负责
3	施工先遣组进点	2014年9月10日	
4	工程开工	2014年10月1日	
5	引水系统修复改造	2016年6月30日	
6	送出线路及与Akaki变电站设备的连接	2016年2月28日	埃塞俄比亚方负责
7	机电设备安装	2016年7月31日	
8	机组投产发电	2016年9月30日	

2. 质量控制目标

满足合同规定的质量标准。

3. 成本控制目标

项目总费用控制在工程投资额度范围内。

项目成本包括项目管理成本和工程分包成本。项目管理成本按总额控制,并分年度进行考核;工程分包成本按总额控制。

4. 安全控制目标

不发生人员重伤及以上生产安全事故;不发生重大及以上交通责任事故;不发生火灾事故。

5. 环境管理目标

不发生较大及以上环境污染与破坏事故。

19.3 项目实施组织机构

19.3.1 项目的管理模式

项目相关方关系见图19-2。

结合EPC总承包项目特点和华东院工程项目总承包经验,华东院对项目拟分三个层次进行管理。

第一层次,总部层面的管理。主要是授权组建华东勘测设计研究院埃塞俄比亚阿巴-萨姆尔(Aba Samuel)水电站工程总承包项目部(以下简称"总承包项目部")和任命总承包项目部领导班子,与项目经理签订总承包项目目标责任书并充分授权,提供项目建

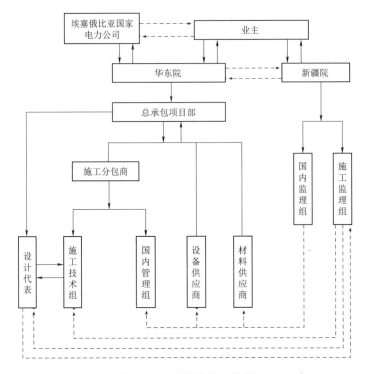

图 19-2　项目相关方关系

(注：图中虚箭头线表示工作关系，双箭头实线表示合同关系，单箭头实线表示隶属关系。)

设所需要的一切资源，对项目实行宏观控制与监督，提供及时有力的技术和经济支持，保证项目建设顺利进行。

第二层次，总承包项目部层面的管理。总承包项目部实行项目经理负责制，项目经理就项目既对合同甲方——业主、埃塞俄比亚方业主负责，也对华东院负责。总承包项目部根据华东勘测设计研究院的授权，组建总承包项目部二级机构，任命总承包项目部二级机构主要人员，负责进行项目策划并编制项目计划；实施勘测设计管理、采购管理、施工管理和试运行管理；进行工程质量控制管理、工程进度控制管理、合同管理、成本费用管理、工程安全监督管理、文明施工监督管理、环境保护监督管理以及沟通与信息管理。在项目实施过程中，总承包项目部全程接受业主、埃塞俄比亚方业主及监理单位的监督、管理。

第三层次，分包商、供货商、合作单位的管理。埃塞俄比亚阿巴-萨姆尔（Aba Samuel）水电站项目的部分土建工程施工、金属结构和机电设备安装将选择合适的分包商完成，设备和材料的供应将选择合适的供货商完成，项目还会涉及多家合作单位（如咨询、试验、运输等）。总承包项目部将与所有分包商、供货商和合作单位签订协议，实施管理。上述单位根据分包合同、采购合同或合作协议对范围内工作开展项目实施，对总承包项目部负责。

项目实施管理的原则与要求如下：

（1）项目以"树华东院国际工程 EPC 品牌，创业主国际工程 EPC 示范项目"为目的，全面完成项目既定进度、质量、成本、安全、环境等各项管理目标。

（2）总承包项目部组织机构本着"目标统一、命令单一、责权对称、精干高效"的原则设置，充分发挥以设计为龙头的项目的核心作用，提升项目管理水平，提高项目管理效率，降低项目管理成本，规避项目管理风险。

（3）从观念、行为等方面认真做好项目 HSE 管理，以抓 HSE 管理为提升现场管理的切入点，规范操作、严格执行制度流程，着力提升 EPC 现场管理能力。

（4）采用"工程项目管理系统"进行集成管理，在 EPC 总承包中实现"四化"，即"标准化、规范化、程序化、专业化"。

（5）发挥设计对投资控制的龙头作用，做好优化设计工作，按限额设计的要求，做好项目的工程量和投资控制工作，将项目投资风险目标控制在预备费和利润额度之内。技术专家组全过程跟踪了解项目执行情况，提供高层技术支撑。

（6）项目涉及的采购、施工设施临时进出口以及永久设备装置的出口工作，采用内部合同分包的形式委托水电事业管理部的设备成套项目管理部实施，以充分发挥采购进出口部的业务支持作用，有利于统一设备采购、运输、报关、进关等平台。

（7）以合同为准绳，通过与施工分包商精诚合作，确保如期、保质、保量完成国际项目的 EPC 实施任务。

（8）重视过程管理和全面风险管控，通过"立规矩、建流程、强管理、强监管"，齐心协力把项目做好。

19.3.2 项目管理机构设置

根据埃塞俄比亚阿巴-萨姆尔水电站工程项目的特点，结合华东院工程项目总承包的经验，由华东勘测设计研究院授权组建"华东勘测设计研究院埃塞俄比亚阿巴-萨姆尔水电站 EPC 总承包项目部"，实行项目经理负责制，详见图 19-3。

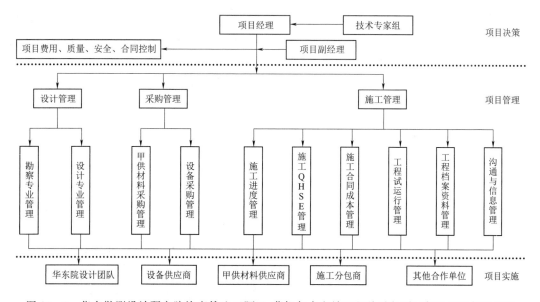

图 19-3　华东勘测设计研究院埃塞俄比亚阿巴-萨姆尔水电站工程总承包项目部组织机构设置图

19.4   项目履约策划要点

19.4.1   设计管理

1. 管理要点

（1）根据项目设计工作内部委托合同，由工程总包项目部将全部设计工作内容委托给院水电事业管理部承担。

（2）工程的勘测设计工作由设计经理负责，发挥设计对投资控制的主导作用，做好限额设计和设计优化工作。

（3）项目勘察设计及 EPC 实施执行中国有关技术规范和标准，具体为国标和水利行业设计规范。项目的设计应当遵循"技术可行、安全可靠、经济适用、美观大方"的原则。设计方案应在熟悉埃塞俄比亚当地法律环境的前提下，考虑当地实际等情况，方案上尽量简单和方便施工。

（4）根据内部总承包合同，本项目实施期间需要保证向现场派遣 2 名设计代表，设计代表人选必须从项目设计人员中选派，并优先派遣参加过专业考察的技术人员。

（5）工程所发生变更均为一般设计变更。根据业主的管理规定，由设计单位提出，经现场相关单位共同讨论、监理单位确认，设计单位以书面形式下发执行。

2. 经验和亮点

（1）充分发挥设计在 EPC 中的主导作用。项目牢固树立设计主导和限额设计的理念，在做好对设计的策划、指导和管理工作的基础上，发挥设计对投资控制的主导作用，做好优化设计工作，按限额设计的要求，从设计源头做好本项目的工程量和投资控制工作，以最大可能地减少由于工程量增加造成的投资失控，将本项目投资风险目标控制在预备费和利润额度之内。

渠道膨胀土处理是本工程一大技术难点，项目部从初步设计阶段即开展相关的资料收集及分析研究工作，以寻求适合于本工程特点、技术可行、经济合理且施工质量易保证的最优方案。在初步设计阶段对膨胀土本身特性分析及其处理方案认识的基础上，结合膨胀土渠道施工特点及现场施工状况等因素，经过经济技术比较及现场试验验证，提出了"复合土工膜＋干砌石护面方案"的优化设计方案，作为施工图阶段膨胀土渠道治理措施。在事先与业主合作局沟通后，项目部组织专门人员赴项目管理单位进行技术沟通，使项目设计优化方案顺利通过审查。本优化设计方案的顺利实施，对项目成本控制起到了至关重要的作用。

（2）设计理念发生根本性的转变，树立了工程总承包一盘棋的思想。将总承包工程的设计工作当作一盘棋来下，充分认识工程设计在总承包工程中的重要性，牢固树立限额设计的概念。总承包工程的设计工作在工程各阶段的设计深度，与传统工程的设计工作实际上应有所不同，在工程前期就要根据工程特点、当地市场情况等进行合理布局，重视设计方案的可优化性和可实施性，分析工程可优化点和风险点，编制项目计划；在工程项目启动、策划、实施、控制等各阶段中，通过动态设计及合理的设计变更等形式，实现 EPC 总承包工程的设计主导作用。

海外总承包工程的设计工作，关键还是观念和意识的转变，需将设计当作总承包项目密不可分的一部分进行时间和精力的投入。设计工作的开展及设计优化意图的实现，需依托总承包项目的整体管理进行；设计部应与采购、施工做好接口管理，注重工程动态设计，结合工程进展，不断进行工程经验教训总结，才能发挥设计在总承包工程中的主导作用。

项目实施阶段，设计人员配合项目部，对实际工程量及成本调整进行了梳理及复核。

（3）中国规范的推广作用。因埃塞俄比亚阿巴-萨姆尔（Aba Samuel）水电站项目在规范使用上采用中国规范，设计企业能借此机会推广中国的设计理念。

（4）根据现场实际需求及时调整相应的设计技术供应。因压力明管下平段及其下游近厂房段钢管的结构布置设计，受限于机组厂家资料提供时间及现场厂房施工复测等因素而有所滞后，钢板采用分两批进行采购，钢板分批采购的分界点定于压力明管下平段的起点。这样的采购分批安排为近厂房段钢管布置调整留有空间，符合现场实际及设计需要。

（5）及时进行设计纠偏，确保工程实施的质量与安全。项目实施阶段，结合机组厂家提供特性曲线，经调节保证计算复核，4号机组增设了 $\phi300$ 调压阀一只。4号机组在甩负荷时导水机构设置成两段关闭，1~3号机组一段关闭。4号机组甩负荷第一段关闭时，导水机构由额定开度快速关闭到空载开度，同时调压阀由全关到全部打开，以控制机组的速率上升在允许的范围内；在第二段关闭时，导水机构和调压阀都缓慢关闭以控制机组的压力上升在允许的范围内。正常关机时，机组逐渐减负荷，导水机构直线关闭且调压阀不动作。

3. 启示与建议

（1）EPC总承包项目应做到设计施工一体化深度融合，总包项目部对设计管理的好坏直接关系到项目的成败，内部分包应确保做到对项目的支撑有效、到位。设计工作贯穿于项目实施过程，设计人员从前期招标开始就要介入，一直到项目验收结束。设计方案不仅应满足合同中的约定的技术性能和质量标准，设计方案还应满足工程的可施工性、可操作性及可维护性。在总承包模式下，设计不是独立单一的工作，而是与采购施工、调试等阶段相互交叉、相互配合的有机整体。

（2）EPC项目应将设计人员统一纳入项目部管理，且总承包项目部应配置技术负责人（总工）或专家组，及时快速处理设计、施工、成本的问题。项目应把"设计经理"作为项目部全职人员，接受项目经理考核，并需从前期招标就要开始介入，直至结束。设计人员应参与到施工合同的编制和谈判中，就工程可优化点、工程量计算方法等同项目部进行充分沟通，将设计优势体现在合同当中。设计人员应具备一定的概算知识，以便协助项目部进行投资调整。

（3）设计人员应充分认识工程设计在海外总承包工程中的重要性，牢固树立限额设计的概念。设计人员应重视对工程前期资料的收集及分析，重视对当地劳动力水平、材料及设备等情况的了解。

（4）设计人员应重视接口管理。因国外工程采购环节多、周期长，所以设计人员应重视同采购部的配合协调，根据采购流程需要，参与到采购设备的出厂验收、发货清单复核、到场验收等环节中。现场实施过程中，施工单位经常会根据自身的劳力、设备及外协队伍情况，对施工工作面进行调整；设计人员应重视同施工单位的配合协调，及早了解现场的施工进度计划调整，以便相应地及时调整设计计划；重视对施工组织方案的审核，与施工合同、施工技术要求相对照。

（5）建议要求外方运行部门提前介入，尽早提出对设计方案的建议和意见，以便设计和设备采购都有调整的时间，避免对外移交出现困难。

（6）海外规模较小的工程，项目部驻现场人员，包括现场设代人员的人力投入都有限。设代人员应力所能及地去分担项目部的工作，并应充分依靠现场项目部同事。在空闲时间，同项目部同事介绍设计图纸、设计理念及当前施工工作面应注意事项，以便在设代不在现场时，项目部同事也能起到 A、B 角作用。

（7）工程总承包的设计管理，应站在更高的位置、更广的视角去发现和解决问题，更侧重对问题的预判和对策。如果工程总承包合同对质量没有特殊规定，设计管理应该按照质量合格进行限额设计，防止惯性的"设计质量过剩"。

19.4.2　采购管理

1. 管理要点

（1）采购管理执行华东院管理制度及业主有关规定。根据业主、国家市场监督管理总局的管理规定，华东院与业主签订的合同供货范围和相关规定，同时严格遵循华东院的采购审批流程，按计划实施采购。

（2）本项目机电设备、钢筋、钢材和金属结构的采购工作，由项目部采用"专业内包"形式分包给水电事业部的设备成套项目管理部实施，包括相关设备及材料的竞谈采购及询价采购、监控货物生产进度及质量、指导并配合分包商编写提交物资商检资料、组织货物出厂验收、收集整理分包商货物出厂图纸及资料、协助现场采购零星货物、配合现场项目部协调分包商补货、现场服务及处理货物问题等事宜。货物出口工作由海外部配合完成，包括物资出口检验资料的审核和申报、跟踪货物出口审批流程、国际运输、清关、移交等事宜。

（3）做好采购管理活动中与设计、施工的接口管理。

（4）采购具体做法。

1）制定采购分标方案。采购分标方案是保证采购工作正常进行的指导性文件，涉及到采购范围、采购预算、发货计划等，是采购全过程中最基础性的工作，也是最重要的一项工作。设备成套部依据华东院与业主签订的总承包协议（主合同）及与项目部签订的分包协议，组织项目设总及各专业主设对机电设备采购分标方案进行策划，制定了本项目详细的《设备采购分标方案及发货计划》。

2）编制采购合同模板。采购合同模板是每个项目设备分包采购合同文件的基础，设备成套部在认真梳理主合同相关条款的基础上，将主合同相关要求编入分包合同模板中，尽力做到分包合同条款与主合同条款背靠背，再结合以往项目执行过程中积累的经验，完善了本项目设备分包采购合同模板，并按规程要求组织院合同评审小组成员完成了设备分包合同模板的评审工作。

3）完成的采购合同。按照采购分标方案和主合同备案的设备方案，遵照院里相关规定进行设备及材料的采购询价，组织采购合同谈判、定标、报批和签约等工作，并严格按照采购预算控制采购总成本。

4）出厂验收及质量控制。由设备成套部组织专业人员对主要设备及材料进行出厂前验收，同时，按照主合同要求及时通知新疆院监理参与验收。在验收过程中详细记录验收情况，要求分包商对不符合事项进行整改；新疆院监理人员与华东院代表一同参与了金属结构设备的验收。另外，对钢板及钢筋材料，按规定采集样品、报送第三方检验机构进行了材质检测。协调、协助各分包商按项目物资出口商检程序进行报检。

5）协调设备分包商完成现场设备安装及调试指导工作。敦促项目现场部制定机电设备安装计划，按计划向分包商发出派遣服务人员的书面通知，同时附上详细的现场服务人员应注意事项，包括编写现场培训资料的模板等，指导分包商做好相应准备。在华东院的敦促下，大部分分包商均按照要求及时安排人员赴现场服务。对个别因客观原因没有及时响应华东院要求的分包商，我们采取直接与其高层管理者联系，并发出严厉的催促函方式，向分包商说明的特殊性质及因其原因造成工程延迟的严重性，最终使各设备分包商完成了现场服务人员派遣工作，且所派人员在现场的工作情况良好。

对个别设备如柴油发电机组，因数量少合同额小，厂家不愿派人去现场指导安装调试。在采购部的建议下，项目部提前与安装单位沟通，请安装单位人员参与华东院的出厂验收，由厂家当场指导该安装单位人员学会相关安装调试技能，现场的安装调试便由安装公司负责完成。这样，既保证了设备安全可靠地进行安装调试，又节省了一笔厂家现场服务费用。

6）完成的补货情况。机电设备及材料因各种原因，如包装、发货、运输、现场保存、采购清单漏项等问题，在现场开箱验货或安装调试时会发现各种损坏或遗漏，需要采购部门配合现场及时通知分包商对设备配件进行补货。为了确保补货信息准确，同时便于跟踪敦促分包商补货情况，及时满足现场消缺工作的需要。现场项目部按照采购部提供的补货表格样式发回每批补货信息，采购部立即转发分包商并跟踪落实，项目共完成20批次左右的补货。

7）协助施工单位完成国内材料的采购及商检。

8）完成设备出厂资料的收集整理。设备出厂资料包括产品运行维护说明书、设备中主要部件说明书、产品工厂检验报告、图纸等，对业主以后的运行维护是非常重要的，对现场安装调试也是不可缺少的，但往往分包商却不太重视。厂家的设备出厂资料总有各种问题，如封面未按规定格式、资料中部分内容只有中文没有英文、资料缺项等，加上有些分包商的资料提供人员素质较差，沟通困难，因此，收集整理完备的设备出厂资料是一项十分烦琐的工作。经过反复地、不断地与各设备分包商人员沟通、敦促、指导，有的厂家资料提交过多次才基本达到华东院的要求，对总是修改不合格的资料，帮助厂家编排、装订。经过不懈的努力，最终将设备分包商的出厂资料电子版全部收齐，并整理编号后提交给项目部。项目共编辑、汇总了20个设备的出厂资料。

（5）出口运输工作。

1）完成各批物资检验出口工作，按时将货物运达现场，满足现场施工进度要求。项目检验出口流程极其烦琐复杂，每批出口物资都要经过以下流程：总包商审核各供货商的出口物资，包括铭牌/吊牌、合格证书、质保证书等出厂资料，报监理审核，监理再报业主审核，业主报国家市场监督管理总局审核，审核通过，国家质量监督检验检疫总局下发质检函号到地方局。总包商通知各供货商进行产地/采购地商检，通过后，总包商在出口口岸申请口岸商检和装船前检验检疫，然后报关出口。由于很多供货商是第一次接触海外项目，不知道怎么操作商检，需要经过多次沟通交流才能完成相关工作，给出口工作带来较大的难度；加上流程的复杂性，在项目操作过程中，确实遇到了一些问题，但经过与业主、国家市场监督管理总局、地方商检局、供货商、货代等的多次沟通努力，确保了出口物资及时到达项目工地，保证现场施工的需求。

2）签订的运输合同。项目主材设备分 8 批发运，共签订 8 个运输合同。

3）指导施工单位对其出口物资进行审核，按检验流程进行申报。

2. 经验与亮点

（1）精心组织采购工作，努力将采购成本控制在预算内。项目机电设备的采购预算是多年前做的，到实施采购时已发生了价格上涨。为了控制好采购成本，在采购过程中通过采取货比三家、多轮竞谈等方式，在保证满足业主合同规定的供货商要求及设备质量的前提下，很好地将采购成本控制在预算内。

（2）克服商检困难，确保所有采购计划内的设备及材料按时采购并发运到现场。由于项目所有设备及材料均需要做专门的出口商检，且商检资料复杂、审批流程烦琐，且没有经验，在货物出厂、发运方面遇到了前所未有的困难，同时，给分包商也造成了一些额外费用。采购部人员与进出口部人员通力协作，边做边学习，在把握好采购进度的同时，花费了大量精力敦促、指导、审核、帮助各供货商（包括施工单位）完成报检资料的填写、提交，并步步跟踪商检各环节的审批。经过耐心地协调、解释，各分包商给予充分的理解与配合，没有一家向华东院提出增加对商检额外费用的补偿，所有采购计划内的机电设备及材料最终于 2016 年 2 月 1 日前分批发运至现场，满足与施工单位签订的供货时间节点要求。

（3）国内采购的物资设备商检申报、运输、清关顺利，期间未出现任何耽搁。能做到这一点非常不容易。因手续不全、衔接不到位、代理不给力等原因，运输物资滞港 2～3 个月可以说是常有的事，包括正在实施的同类项目，国内采购物资曾在吉布提港滞留了 3 个月。

（4）多方法、多途径进行零星补货。因种种原因，国内发运到现场的物资设备有时出现数量不够、质量问题、缺项漏项等，严重影响现场施工进度。当地经济落后，物资设备供应条件非常有限，为此，项目部周密策划，想尽各种办法，一方面联系在当地的中资企业进行采购，另一方面充分利用赴现场人员随机携带、空运等，采取多方式、多途径完成了零星材料的补充采购。

（5）在满足规程规范和业主要求的前提下，一些关键物资采购的方案做到因地制宜，考虑相应的备份方案。

项目部前期了解埃塞俄比亚当地市场钢筋主要为国外产钢筋，通过在实施阶段进一步的市场调研，了解到当地中资企业有多余库存钢筋，且满足项目所需钢筋的规格及国内规范要求。在 2015 年雨季，项目现场施工急需钢筋，而国内采购钢筋无法满足要求的当场时间，经院内和项目决策，紧急在埃塞俄比亚当地采购了一批国产钢筋，解决了项目施工的燃眉之急。

压力钢管防腐涂料采购是处在压力钢管施工的关键线路上，前期由于施工分包商物资采购未抓紧，又赶上2015年天津港爆炸事件，再从国内采购，运至现场会对压力钢管施工进度造成致命的拖期影响。考虑从国内采购进度无法保证的实际情况，经院内和项目决策，防腐油漆立足于采用从当地采购解决的备份方案。通过现场充分的调研，从当地防腐油漆生产厂家取样带回国内检测机构检测试验，经过设计变更流程，在参建各方的努力下，最终圆满解决了防腐涂料采购问题，保证了压力钢管的顺利施工。

3. 启示与建议

（1）项目甲供物资的按期到货保证性问题，不仅关系项目节点目标的实现，处理不好可能还会引起施工分包商的索赔，需要认真进行督办。内部分包应确保做到对项目的支撑有效、到位。采购管理针对可能出现的合同相关方索赔事项，项目部要提前进行预判并提出应对的对策措施。

（2）建议以后工程总承包项目的材料与施工工程量费用分别列出，避免出现上述施工分包合同中供货范围界限不清。

（3）必须加强对分包商供货范围中比较重要的设备生产厂家选择管理，确保选择可靠的生产厂家。首先，应在分包合同中明确华东院认可的外购件品牌或供应商；其次，尽可能地参与这些生产厂家选择设备的验收，坚决拒收不合格产品。建议采购人员、设计人员必须参与重要产品的出厂质量检验。

（4）加强对设备材料供货商的指导和管理，严格按照物资检验出口流程进行出厂验收。商检程序极其烦琐，审批环节多、周期长，需要保证充足时间。由于对采购出口的要求很严，商检报审流程烦琐复杂，任何上报审批环节发生问题，都会导致重走申请流程，所以总包商审核上报资料这一环节非常重要，需要保证出口物资的相关信息资料正确；另外，应尽量提前上报资料，以免流程长耽误出口时间。所有出口物资（除合理生活物资及施工工具）必须走商检出口流程，因此前期策划需尽量保证所需采购物资货物的齐全性，以免造成后续多次补货。

（5）加强对材料采购清单的校核。设计提供的材料采购清单出现漏统计或对材料估计不足的情况，这是导致部分补货或现场采购的原因。这种现象在其他项目上也经常出现。建议设计人员注意全面统计材料，材料清单必须校核后再提供，对材料数量要留有一定的裕量。

（6）业主出口物资必须进行商检，且要求设备及材料采购金额超过一定值时，需要由原生产厂家直接报检。分包商的采购合同中如有价值超过此规定的外购件，就会增加商检事务，这点需要特别关注。

（7）EPC承包的核心是设计和施工的整合，而采购在整个EPC项目管理模式中起着承上启下的核心作用，而物资采购是核心中的核心。专业复杂的EPC总包项目，尽可能配置项目技术负责人或总工程师，以便统一协调各专业的接口。

（8）含有机电设备供货及安装的总承包项目，建议现场管理人员中配置一位机电人员，以便准确描述安装过程中出现的问题，便于后方理解并及时解决问题。

（9）对于海外工程总承包项目，要充分重视一部分因运输原因（如油品、化学危险品）、所在国政府相关法规等限制造成的适合国内采购的物资，以及现场施工、安装等可能发生的零星物资的采购，需要预先进行梳理，进行有效的管理和策划，避免出现因为部分零星物资不到位而影响整个工程。

19.4.3　施工管理

1. 管理要点

（1）项目施工管理需满足业主、规程规范、华东院有关规定。

（2）项目施工通过招议标分包给中国水利水电第十一工程局有限公司（以下简称"水电十一局"）实施。

（3）充分考虑当地雨季、海运及清关等对施工进度的影响，施工总工期安排适当留有余地。

（4）施工计划管理：包括施工进度计划、施工质量计划、施工安全、职业健康和环境保护计划、施工费用计划和资源供应计划。

（5）施工准备管理：包括开工条件准备、技术准备、施工分包单位的施工组织设计、质量保证计划、职业健康安全保证计划审核和开工前首次协调会。

（6）施工过程管理：包括施工进度控制、施工质量控制、施工费用控制和安全、职业健康和环境管理。

（7）施工收尾管理：包括尾工管理计划、工程完工验收和工程移交等。

（8）另外施工过程中，重点把握关键节点的控制、关键技术方案的控制、关键问题的处理及过程控制。

2. 经验与亮点

（1）制定并实施奖励激励措施。为切实保障项目各项目标的顺利实现，总承包项目部制定了质量、安全、进度奖惩措施，并对分承包方各项目标实现情况进行考核。

（2）实际施工总工期提前了一个月，工程质量等级优良，未发生安全事故，施工分包成本可控，对外工程技术验收、工程移交顺利。

3. 启示与建议

施工管理的重点是把握关键节点的控制、关键技术方案的控制、安全措施的落实、关键问题的处理和过程控制。建议工程实施前进行详细的策划，"磨刀不误砍柴工"，施工过程中再据实进行修正。

19.4.4　试运行管理

（1）施工质量验收工作原则上分施工中期验收和竣工验收两阶段进行。

（2）竣工验收合格后，业主同项目所在国政府共同验收，并办理项目移交手续。

19.4.5　进度管理

1. 管理要点

（1）项目控制进度计划以总承包合同中约定的工期或进度要求为依据，内容包含设计、采购、施工和试运行等整个项目在内的总体控制计划，该计划为总承包项目的纲领性计划，以明确总目标和控制节点为主。

（2）进度控制以实现合同、协议约定的竣工日期为最终目标。进度控制重点主要包括两个方面：一方面是按合同约定节点要求设计、施工，供货商按期履约；另一方面是抓好总承包各专业间的接口管理。各专业间的接口管理是总承包项目部进度控制重点。

（3）编制工程总进度计划，并明确资源配置及材料、设备供应计划。将年度计划分解成半月计划，在监理例会上进行安排部署，并对上期计划完成情况进行对比检查，明确滞后项目，分析滞后原因，提出赶工措施，做到有针对性、可操作性，及时纠正进度偏差等。

（4）进度数据收集：进度数据主要包括项目总体进度计划、年度计划、月度计划及半月计划，总体进度计划和年度计划由施工单位编制，经总承包项目部和施工监理审批后作为现场进度控制的主要标准。月进度计划应满足年度计划需要，半月进度计划应满足月进度计划需要，均经监理例会讨论通过后作为月度及半月进度控制标准。

（5）项目进度控制主要以月进度计划及半月进度计划作为控制重点，主要数据为施工单位在监理例会上报的月报和半月报。

（6）监理例会上，对月报进度数据进行分析，包括本月设计、采购及施工完成情况，并与上月所报计划、年度计划（总体计划）及专业进度计划进行对比，明确进度提前或滞后情况。

（7）数据结果处理：月进度完成情况满足上月所报计划、年度计划、总体计划及专业计划要求，半月进度按计划完成的视为正常，数据不作处理。若月进度未按上月所报计划完成，或月进度不满足年度计划、总体计划或专业计划要求的，应分析滞后原因，提出整改措施。

2. 经验与亮点

（1）项目工期节点目标保障是项目的首要问题。关键节点包括总包合同约定进度款支付节点、设计产品节点、采购供货节点、施工形象节点都得到有效控制。

（2）关键技术方案的控制。关键节点的实现，离不开关键技术方案的正确，项目部对大坝进口改造施工导流、引水明渠优化方案、压力钢管制作安装等关键技术方案进行了有效控制。

（3）关键问题的处理。对于影响工程进度的关键问题，如应由埃塞俄比亚方实施的进场道路、坝内机组拆除、对外输出线路问题，因征地而导致村民阻工等问题，项目部都进行了重点跟踪和及时处理。尤其是对进厂道路提出了确保不能影响机电设备安装等进厂道路施工的正常进行，落实以最小的代价解决机组运输至厂房的措施。最终通过与埃塞俄比亚方艰苦的合同洽谈，并签署三方合同，由施工单位实施进厂道路，得以化解了埃塞俄比亚方的履约风险。

（4）过程控制强调项目计划执行的严肃性及有效性。在项目实施过程中，项目部非常重视过程控制，一旦发现偏差，立即采取措施纠正，不让问题积累。牢牢把控关键阶段，充分利用好仅有的两个旱季施工黄金季节。项目实施期间由于受雨季影响、当地村民阻工、设备老旧且配件难以到位、当地政府配合不到位等原因，致使部分项目出现不同程度的滞后现象，但是通过参建各方共同努力，本项目较合同工期提前完成。

（5）项目部根据施工实施性进度计划，提前落实中方施工人员进场计划（具体到人、签证完成时间、到达现场时间等）与当地员工招聘计划，满足了现场施工组织和施工进度需要。

（6）采取进度保障激励措施。为调动现场施工积极性，设置节点进度奖。

3. 启示与建议

（1）建议在合同中明确进度控制相应奖惩条款，同时项目预算费用中设置进度奖惩基金。

（2）项目的考核奖励建议在项目实施过程中及时兑现，便于及时调动项目人员的积极性。

19.4.6 质量管理

（1）项目质量管理需满足业主、规程规范、华东院有关规定。

（2）项目质量管理将贯穿项目管理的全部过程，坚持"计划、执行、检查、处理"（PDCA）循环工作方法，不断改进过程的质量控制。

（3）项目质量管理遵循下列程序：

1）明确项目质量目标。

2）编制项目质量计划。

3）实施项目质量计划。

4）监督检查项目质量计划的实施情况。

5）收集、分析、反馈质量信息并制定预防和改进措施。

19.4.7 安全、职业健康与环境管理

1. 管理要点

（1）按照华东院"三合一"管理体系要求及所在地的有关规定，规范项目的安全、职业健康和环境保护管理工作。

（2）项目的安全管理坚持"安全第一，预防为主，综合治理"的方针；项目的职业健康管理将坚持"以人为本"的方针。以抓 HSE 管理为提升现场管理的切入点，规范操作、严格执行制度流程，着力提升 EPC 现场管理能力。

（3）项目的安全、职业健康和环境保护管理，将接受埃塞俄比亚方政府主管部门、业主及其所委托的监理机构的检查、监督、协调与评估确认。

（4）项目管理团队依据中国电建集团和华东院的 HSE 管理程序，结合埃塞俄比亚国情，建立健全了完善的 HSE 管理体系。

（5）项目制定了《项目现场 HSE 实施方案》，作为现场 HSE 管控的纲领性文件，针对重点分部工程、关键部位和工序，组织施工单位编制了齐全的专项安全方案，做到了编制、审批、交底、实施、监控、闭合的全过程管控。

（6）项目部按照程序要求做好项目现场的 HSE 检查、隐患排查等工作；项目团队推行"以人为本"的安全管理思想，充分发挥和调动现场班组人员的积极性，降低"人的不安全行为"，实现从"我管安全"到"我要安全"的思想转变。

（7）项目部做到了实施过程中的特种设备和特种作业人员动态管理，实行进场审核，退场备案，建立了特种设备和特种人员的检查、登记等台账。

（8）项目部建立了详细综合应急预案和专项应急预案，根据项目的实施情况和外部局

势变化，及时组织应急演练和专项教育。针对外部的非常规安全环境变化，充分调配所有可利用的外部资源，建立体系化的物防、安防和技防措施，及时响应。

（9）项目管理团队以《华东院企业文化识别系统应用手册》为基础，结合业主的要求和埃塞俄比亚国情，建立了《项目部企业视觉识别专项方案》，充分借助项目的外部影响、各重大节点，有组织、有体系地宣传了华东院。

2. 经验与亮点

（1）HSE 管理体系：有效的 HSE 管理责任体系是现场安全生产的保障，项目部指导施工单位构建了施工安全管理体系，并纳入总承包安全管理体系。班组安全管理是项目现场安全管理的重要环节，根据"纵向到底，横向到边"的原则，项目部组织施工单位在班组设置兼职安全员，进一步理清了总承包方、施工单位和班组的安全管理层级和职责，通过建立 HSE 管理体系的网络化，做到安全管理不留死角，有力地保障了现场的安全生产。

（2）HSE 风险控制：项目部对识别出的重大危险因素和环境因素，都已组织施工单位编制专项安全方案（或管理制度）来进行管控，严格方案审批、安全交底，进行挂牌督办，重视过程管理，落实从班组、施工单位、总承包项目部、监理单位的责任人。对于关键部位的风险控制，项目部通过专项方案、专题会议、现场旁站、日常沟通和分包约谈等方式进行管控。

（3）HSE 教育培训：项目部非常重视项目员工和第三方员工的 HSE 教育和培训，项目团队认为影响人的技能主要有心理、生理和认知能力，项目部通过健全、无漏洞的 HSE 教育和培训，强化了进场人员的 HSE 意识，同时也降低了安全事故发生的概率。针对现场特点，项目部将 HSE 的教育和培训充分向一线转移，采用专题教育、谈心、交朋友、拉家常的方式，将 HSE 理念灌输给班组人员，充分降低了人的不安全行为。

（4）HSE 应急管理：境外公共安全是海外工程中的主要风险之一，项目部充分保持敏锐的嗅觉，及时感应项目周边的治安环境变化。项目部组织施工单位构建了系统的应急预案，并结合实际案例、监理例会、专题会议做好相应的应急演练。针对埃塞俄比亚的"国家紧急状态"，项目部进行识别，并充分调配了相关干系人的资源，确保项目人身、财产安全。从事海外工程，要绝对尊重所在国的风俗、人文和习惯，所有的制度、为人处世都要"接地气"。项目部为当地村民做了不少公益事业（架桥、修路、供水），与当地村民建立了和谐的关系，同时也保证了良好的周边治安环境。

（5）HSE 考核奖惩：原先的施工分包合同里，对于分包单位的 HSE 考核，只有惩罚，没有奖励，对于现场的安全管理较难开展。项目团队从"设计优化、节约成本"中提取部分费用作为 HSE 的考核奖励基金，项目团队通过质量验收、检查整改、日常巡查和沟通的实际情况进行评选、推优，每月评选一次，奖励一次。此外，结合现场的安全管理和生产状况，整理安全竞赛的答题，充分将企业的安全活动和现场的安全实际结合到一起去，达到多方共赢的结果。

3. 启示与建议

（1）HSE 工作目标的制定应有充分依据和可行性，要能发挥好目标的激励作用和指导作用，避免因目标设置"不接地气"从而导致的执行难问题。首先，HSE 工作目标的设置不能过高或过低，建议由项目部根据合同要求和院级 HSE 工作目标，结合所在国情和现场情况自行填报，经实施单位批准后执行。其次，HSE 工作目标的设置应强调"整体性和层次性"，下级目标比上级目标细化，但不能低于上级目标，项目团队统一规划项目部和各分包商的 HSE 工作目标，从而形成清晰、量化的一揽子 HSE 工作目标。

（2）有效的 HSE 管理责任体系是现场安全生产的保障，在业主制度要求的"安全保证体系"和"安全监督体系"基础上，项目部按照中国电建集团文件要求细化并构建了"安全生产责任体系""安全生产实施体系""安全生产技术体系"和"安全生产监督体系"四个责任体系，并明确了各个体系的负责人，制定岗位职责后上墙。分包商根据合同要求配备了专职安全生产员，其参加了业主举办的项目培训班并取得相应岗位证书，但是缺少现场安全管理经验，而且同时担任了"工程管理部"的负责人，不能做到专业和专职的安全管理。分包商的工程管理部主要承担了"安全监督体系"的职责，而具体安全管理的执行实际由"综合工区"和"金属结构工区"负责，承担了"安全保证体系"的职责。

综上可见，分包商的安全管理体系存在责权模糊，与总承包商的管理体系衔接不够充分的情况。建议在项目总体策划阶段，除设计总承包方的组织机构外，还要考虑分包商的安全管理机构设置，使两者有效衔接，构建项目总体 HSE 管理体系。项目经理可通过合同谈判要求分包商设立质安环部专门负责现场安全管理，配备既有安全管理经验又有资质证书的专职安全员，并写入合同条款。

工程总承包管理模式下，总承包商应理清"四个责任体系"的管理权限和管理深度，应重在指导、调动施工单位 HSE 管理体系的能动性。

（3）项目实施阶段，需根据新的作业环境和作业内容对 HSE 风险因素进行动态管理（更新或增减）。该识别方法采用定性评价，操作简单易行，但其准确性会受到经验和判断能力制约；而且若无法进行定量评估，则较难对 HSE 风险因素进行针对性的分级管理。

（4）HSE 培训是提高现场 HSE 管理人员技能的重要手段之一，主要包括院和公司级培训、当地政府监管机构培训和项目内部培训。项目部根据院和公司级的培训计划，结合现场人员的轮休计划，制定项目部的年度培训计划；根据埃塞俄比亚中国商会、经参处的要求，参加相关 HSE 培训；项目部内部培训是提升、促进项目整体 HSE 管理水平的重要手段，项目部要识别现场员工和施工单位的培训需求，列支适当经费作为 HSE 培训专用费用，起到激励作用。

（5）项目安全管理手段主要还是以检查和罚款为主，职能部门的安全管理也是以监督、报备为主。现场安全管理中，首先，管理的弱点是对施工活动中人的不安全行为的管理有效性差，反映了施工安全管理参与和关心的人少，管理的主要责任由少数人负责，形成了依靠少数人保障作业安全的局面；其次，管理手段单一，往往以检查为主，这样就导致了项目安全管理工作的连贯性不足，有效性差的结果。安全生产的管理要从群众中来，到群众中去，立足现场做文章，扎根基层搞活动。通过对现场作业人员的调研，现场一线作业人员的安全生产知识比我们想象得要高，为什么还存在隐患闭合不及时等问题，主要还在于现场的安全文化氛围没有建立，现场人员对安全的管理在于总承包商对于安全的重视程度上。多组织些有关现场安全知识的答题、竞赛，丰富安全生产的业余活动，寓教于乐。同时，对于安全管理要沉淀到一线，围绕现场的生产实际问题去做宣教，比如在现场组织安全技术交底，在现场的施工现场组织安全教育，针对现场的安全隐患进行安全宣讲等。这时候就要区分安全总监和专职安全员的职责，从而创建一个真正的"我要安全"的环境。

现场安全管理中，项目部变通传统安全管理的形式，立足基层班组，从关心一线人员生活做起，与其进行沟通、交流，引导其识别身边的潜在危险，起到了很好的效果。对于安全整改成本较高的隐患，则需要与施工单位的项目经理（生产经理）进行沟通，采用说服、发函、专题会和罚款等多种形式督促其按时整改。

违章具有惯性，有从过去延续到现在的现象，也有量变到质变的规律。因此，项目部可以采用相关的安全事故预警技术对现场安全管理进行事故预警，帮助实现安全管理的有效性和针对性。

（6）心理学家认为，一切行为都是由行为发生的环境所决定的。不安全行为一般由物质环境、社会环境、人在这些环境中的经验三个因素导致，如果可以在项目上改变这些因素，则可提高人的安全行为，预防不安全行为的发生。当一个工程施工场地布置合理，各种设施完整，作业环境整洁，施工人员穿戴整齐，施工作业秩序井然，生活设施完善，那么人会适应环境，在心理上保持与环境趋于一致，会规范自己，减少不安全行为。国内工程总承包商因为不够重视安全文明施工，因此在对现场的安全文明施工中，包括主营地的布置，要在项目招标时进行策划、考虑，并写进合同条款里面去。对于企业文化视觉系统的布置，项目部编制《项目部企业视觉识别专项方案》，并测算预算额。

（7）受到开工前的条件限制及控制成本的考虑，项目营地建设偏简陋，应该说是目前华东院海外项目中条件最艰苦的营地之一。尤其是没有舍得投入彻底解决项目的对外通信问题，给项目的工作和项目员工对外联系带来极大的不便。

19.4.8 费用、财务及成本控制管理

1. 管理要点

（1）项目费用管理按华东院总承包项目费用管理规定进行。

（2）将费用控制、进度控制和质量控制相互协调，实现项目的总体目标。

（3）费用按项目责任书进行分解。

2. 经验与亮点

（1）采用总价合同模式，控制分包合同成本；通过设计优化，节约合同分包成本。

（2）通过乘机人员从国内随身携带办公用品、现场宣传标牌、生活用品等，节省现场办公成本（当地价格非常高）。

（3）通过与施工单位共用食堂、共用生活办公设施等，节约生活和办公成本。

（4）重视源头，从设计阶段准备好替代方案，在保证功能的前提下，改变部分基础处理方式，不仅提高了施工效率，而且节约了建设成本。如选用土工膜＋干砌石方案替代水泥土方案，改变石渠段表面处理方式等。

（5）依据总承包合同概预算合理制定分包标底，施工及采购招标阶段通过竞争性招标及评标，降低分包合同成本。施工分包相关费用采用固定总价承包方式，尽量包死。

（6）施工环节以施工图预算为目标，以合同工程量为准绳，严格控制设计变更及签证流程，防止工程量虚报，严把进度款结算关，将施工成本控制在预算范围内。采购过程

中，充分依据设计要求，对非关键设备灵活进行当地采购，尽量满足施工进度质量及费用控制要求。

（7）工程计量中，原始地形图以华东院地质勘察时所测量的地形图为准，施工分包方实测地形图仅供参考。

（8）确保收款目标的实现。项目合同额为 8859 万元，通过 5 期收款（含预付款），累计总包合同足额收款 8859 万元。

3. 启示与建议

（1）项目是在预算限额条件下实施，土建工程量及采购成本、项目成本控制直接决定了项目投资控制目标的实现，限额投资控制应贯穿于设计、采购、施工整个过程。

（2）项目部应在前期设计阶段就对总承包项目的设计优化进行策划，方案上可行、程序上合规、经济上合算，在项目实施阶段，重点跟踪相关设计优化方案的落实；并处理好与施工分包单位、监理单位（或者业主）等各参建方的利益均享，作为 EPC 总承包方的利润来源点之一。

（3）对于项目部的所有费用活动，要充分重视台账管理。

（4）从有利于现场管理角度出发，总包方与现场监理应有独立的办公、生活空间，不要与分包单位混在一起。

19.4.9　项目风险管控

1. 风险分析

（1）总承包项目部及时制定建设风险管理目标及年度目标，且应进一步制定风险管理工作计划和措施保障风险管理目标实现。

（2）通过合同方式约定参加建设及运行各方的风险管理责任与保障措施。

2. 风险评估

项目风险评估按自然灾害风险、社会政治风险、经济风险、技术风险、管理风险、其他风险六大类 27 小类，以每一类对"质量、安全、工期、成本"四要素影响按照发生的可能性以及发生后可能造成的影响大小程度依次评价为"★★★★★""★★★★"……"★"，合并统计后排序得出关键风险。

3. 关键风险管理

经上述的风险评估，得出本项目关键风险管理如表 19 - 2 所示。

表 19 - 2　　　　　　　　　　　　　关键风险管理一览表

序号	关键风险	风 险 控 制 建 议 措 施	责任人
1	分包商履约能力	加强与业主、经商处协调和监管	项目经理
2	项目人员经验	加强设计策划、项目人员培训	项目经理
3	合同报价	限额设计、优化设计、加强采购管理	项目经理
4	业主管理风险	事先就项目管控模式与业主沟通，相关内容纳入 EPC 合同；加强项目沟通管理	项目经理

项目的主要风险在于投资控制、施工分包商选择、勘测设计工作深度和业主管理等方面。需按限额设计的概念，在加强项目管理、做好分包商选择和与业主沟通等工作的基础

上，认真做好项目的风险控制工作。具体应高度重视以下工作。

（1）根据风险识别和评估，在业主和驻埃塞俄比亚使馆经商处的协调下，加强现场的管理，从而减少本项目的进度和质量风险。

（2）在应对业主管理风险方面，应事先就 EPC 项目管控方式进行策划，提出既符合本项目特点，又有利于 EPC 承包商合理运作的项目管控与项目验收方案。加强与业主沟通，并将相关内容纳入 EPC 合同。同时，应进行沟通策划，确保项目执行阶段与中外业主的沟通通畅，信息对称，最大程度地减小业主管理风险。

（3）在做好对设计的策划、指导和管理工作的基础上，发挥设计对投资控制的龙头作用，做好优化设计工作，按限额设计的要求，做好项目的工程量和投资控制工作，将项目投资风险目标控制在预备费和利润额度之内。

（4）加强项目对勘测设计的策划、指导和管理，以最大可能减少由于工程量增加造成的投资失控。由于最主要的工程项目在于引水系统，需要借鉴类似小水电引水工程的设计经验，从设计源头做好工程量和投资控制工作。

19.4.10　资源管理

1. 管理要点

（1）项目团队按"小而精"组建，项目部现场人员一般为 4~5 人。

（2）项目团队建设的主导思想为积累海外工程经验，培养项目团队全部成员成为适合海外各类业务的复合型项目管理人才。

（3）在项目开工初期，制定了项目部管理流程，编制岗位职责、项目实施细则和工作流程。组织对现场管理人员进行多次宣贯，让其熟练自己的岗位职责和工作流程，培训懂流程的人。将开始的不熟悉、不熟练通过流程尽快固化下来，使项目部管理有序。

（4）项目成员通过实践与融合逐渐成为一支高效的海外项目管理队伍。

2. 经验与亮点

（1）现场的问题要立足现场解决，应保证现场人员的到位，协调、安排好项目现场人员的正常休假。

（2）设计人员作为总承包项目的成员，应该前移现场，落实限额设计工作，统筹好质量、安全与费控的关系，土建和机电设代工作计划应满足现场施工需要，提前规划。

（3）项目部应根据施工实施性进度计划，提前落实中方施工人员进场计划（具体到人、签证完成时间、到达现场时间等）与当地员工招聘计划，满足现场施工组织和施工进度需要。

（4）充分发挥华东院驻埃塞俄比亚代表处对项目的支撑作用，代表处成员作为项目团队大家庭中的一员。代表处在项目对外协调、项目人员签证等方面帮助项目解决了许多燃眉之急。

3. 启示与建议

（1）总承包项目部组建至关重要，项目经理及项目骨干成员的隶属关系应为项目实施单位。鉴于项目投资小、建设周期相对较短，而目前安排的项目人员分散在各个职能部门、专业单位，绝大部分人员不能全身心地投入到项目工作中，不便于项目的管理和运作。因此，管理模式和项目内部管理制度还需要予以改进。主要建议如下：

1）建议对员工影响较大的制度，尽可能要统一规定。

2）项目部人员尽可能不要采用借调或隶属原部门模式。

3）项目部设置总工有助于项目对技术问题的通盘把控。

4）对于小型项目，建议具备条件的项目可采用属地化管理，项目部成员应以当地员工为主。

5）建议项目人员薪酬水平由项目经理结合工程实际、院内同等人员薪酬水平决定，绩效考核权也交由项目部决定，最终考核结果报相关部门。

（2）海外项目随时会遇到亟待解决的难点问题，往往因通信问题项目前后方信息不对称，若项目运作中悬而未决的问题不能得以及时解决，将会对项目履约产生严重后果。因此，提升项目现场解决问题的能力至关重要。

（3）加强现场管理成员之间的融会相通。因成员来自不同部门，在现场可以多组织一些活动、讲座、会议等，加强成员之间的交流，培育项目部内部的文化，通过文化感来凝聚团队，尊异求同。

（4）重视党工团的引领作用。对于团员、党员较多的项目部，可以申请建立临时团支部或党支部，通过党工团开展一系列活动，建立荣誉感。

（5）引导现场员工的探索精神和总结能力。海外项目都是首次干，无章可循，不知道从哪下手，要善于给年轻员工压担子，不怕干错，就怕不敢干。对于摸索中的成功经验和失败教训，要鼓励写下来，总结提炼出来，甚至可以设立专门的奖励基金。

（6）要多加强与员工之间的内心交流。工作只是生活的一部分，海外项目员工一次要在海外坚守数个月，与家里、院内联系不方便，项目领导要与一线员工多谈心，减少失落感和困惑。

19.4.11　沟通、信息及档案管理

1.管理要点

（1）项目参建各方从思想上高度重视，认识到位。

（2）总包项目部负责政策处理和对外关系协调。

（3）参建各方各司其职，相互协作，本着对国家、对项目负责的态度，以开放、坦诚、科学的心态，在保证工程安全质量等前提下，协调处理各类问题。

（4）档案及信息管理需满足业主、规程规范、华东院有关规定。

（5）按月向业主报送项目工作简报，遇有重大质量和技术问题应及时专题报告。向业主报送项目年度用款计划以及年度财务报表和已竣工决算。根据项目对外实施合同规定及时办理对外结算手续。

（6）按院生技部综〔2013〕26 号"工程项目管理系统上线启动会议纪要"的要求，所有新启动实施的总承包项目必须全部进入系统运行，并作为项目实施单位的绩效考核内容。埃塞俄比亚阿巴-萨姆尔水电站工程总承包项目需上线运行。

（7）建立了相关管理制度和专职管理人员，按要求进行资料的收集、整理、编制、归档。

2.经验与亮点

（1）参建各方关系融洽，未发生严重的不愉快事件。

（2）建立了项目经理向主管院领导及相关部门负责人的邮件周汇报机制，累计从项目部进场至工程竣工移交不间断地进行了117周的汇报，及时得到了院及各部门的有力指导。

（3）注重文档管理的前期策划，项目开始阶段制定文档管理的制度和详细的实施方案，管理责任落实到专人。管理制度和实施方案的编制确定过程中将华东院和业主的相关管理规定尽量融合在一起，极大减少了后期的资料汇总和移交各方时的工作量。

（4）纸质文件和扫描文件的同步更新。项目配置专用资料存储硬盘，在整个实施过程中所有文档均做到了扫描件随纸质文件的及时更新，所有资料均能在存储硬盘上查询，相应纸质文件存档目录和扫描件目录索引完全一致。

（5）文档资料的日常检查和整理。项目部按月对全月文件资料进行检查，及时发现纸质文件或扫描件的缺失，对全月的相关文件进行一个系统的整理，按月完成文件归档。

（6）编制专门的文档编码，做到了文档管理的数字化、信息化。

3. 启示与建议

（1）前期必须制定适合项目部的文档管理，项目业主和采用规程规范的不同，文档最终整理归档也存在一定的差异，项目在开始实施前，需做好相关策划，确保文档资料收集符合接收方的要求，减少后期资料整理的工作量。

（2）档案管理过程中注重资料的及时性和完整性。对一些重要事项相关文档，特别与项目外方业主双方沟通承诺的事项及时形成文件存档，形成完整的一系列文件，能够随时对该事项进行检索。

19.4.12 收尾管理

1. 管理要点

（1）根据合同规定，向业主申请竣工验收，并与外方业主进行对外技术验收，编制项目收尾工作计划，制定甩项计划。

（2）对项目现场的剩余物资进行处置，与外方业主办理备品备件移交。

（3）与业主办理竣工决算，并与施工单位、供应商办理分包决算，组织对分包商及供应商的后评价。

（4）组织编制项目履约管理总结、项目关闭决算、项目经验教训总结，项目部解散。

（5）向业主、经参处、外方业主办理档案移交，将纸质档案从项目现场托运回国，向业主、院图档中心办理纸质档案移交。

（6）协助院法审部对项目进行跟踪审计；整理、汇编项目财务报表，起草项目关闭决算报告，配合院和建管公司按项目任务书对项目进行考核和评价。

（7）在项目缺陷责任期内，组织分包商/供货商到现场进行缺陷消缺，取得《缺陷责任关闭证书》，对外部业主进行走访，进行满意度调查。

（8）组织项目院内、电建集团、电力行业等工程奖项的申报，并对项目的经营、履约、收尾和关闭进行复盘。

2. 项目管理亮点

（1）项目部按照计划完成了全部合同款项的收款，已与业主办理了全部结清；已与各分包商/供应商办理了全部质保金的支付，同意采用质保函代替质保金。

（2）项目部按照建管公司规定对现场剩余物资进行了合规处置，并与外方业主办理了备品备件移交，对于甩项项目，与外部业主沟通后同意放在缺陷责任期消缺一并处置。

（3）在完成竣工验收 1 个月内，项目部即完成了对业主、院图档中心的纸质档案移交。

（4）项目部按照院规定，先后编制了项目关闭决算报告、项目履约管理总结、项目经验教训总结，协助法审部进行了审计关闭，协助院和建管公司进行项目关闭考核。

（5）项目部按合同约定，组织对项目的缺陷消缺处理，取得了缺陷责任期关闭证书。

（6）项目的各项指标均超项目任务书的相关目标完成，项目工期比合同工期快 1 个月，未发生职业健康、安全和环境事故，竣工验收质量为优良，获得了外部业主、经参处、监理单位等各方干系人的一致好评，所有参建单位均取得了预期目标。

（7）项目获得院 2016 年优秀工程一等奖，获得的省/部级奖励有：2018 年度电力行业四优奖（水电工程设计）二等奖，2018 年度电建优质工程奖，2018 浙江省勘察设计行业优秀工程总承包专项一等奖。

（8）项目部共培养、输出项目经理 3 名，海外市场合同专家 2 名，参与项目建设的所有人员均投入到华东院的转型业务中。

3. 启示与建议

（1）项目的经验与教训总结应与项目的履约、实施保持一致，防止项目执行到后期，由于人员的抽调或调整，怠于写总结或者忙得顾不上写总结。

（2）文件档案是项目中信息流沟通的载体，建议最好明确项目班子成员作为项目信息流的传递核心，便于对一些重要信息进行过滤后传递、分享，决策哪些信息流需要通过纸质、电子等载体固化下来，并保存。

19.5 项目管理创新措施

19.5.1 成立技术经济专家顾问组全程指导总承包项目管理运作

专家组主要职责如下：

（1）全过程跟踪了解项目执行情况，提供高层技术支撑。

（2）参加项目初步设计报告院内设计评审、施工图会审会议。

（3）每年召开 1～2 次碰头会议，评估项目当前技术和管理问题，对项目阶段性技术风险进行评估，提出风险控制建议。

（4）监控项目技术方案落实情况，帮助项目部解决执行中遇到的重点及难点技术问题。

（5）视需要作为赴工作组成员，视需要参加现场巡视活动。

19.5.2 依托"工程项目管理系统"强化总承包项目的"四化"管理

为充分发挥以设计为龙头的项目的核心作用，提升项目管理水平、提高项目管理效率、降低项目管理成本和规避项目管理风险，埃塞俄比亚阿巴-萨姆尔（Aba Samuel）水电站工程总承包全过程采用"工程项目管理系统"进行集成管理，在 EPC 总承包中实现"四化"，即"标准化、规范化、程序化、专业化"。以信息化手段推进总承包项目管理创新。

19.5.3 开展国际工程以设计为龙头总承包专题科研争创"示范工程"

依托埃塞俄比亚阿巴-萨姆尔（Aba Samuel）水电站工程总承包项目管理为研究对象，结合成套项目有关法规、项目所在国国情、国际惯例和《建设项目总承包管理规范》（GB/T 50358—2005），按华东院总承包和海外工程相关管理规定，对埃塞俄比亚阿巴-萨姆尔（Aba Samuel）水电站工程总承包项目管理过程中的各个环节进行深入研究、实践和探索，抓住业主目前可能唯一一个国际工程项目按 EPC 总承包模式实施的机遇，为华东院海外小水电工程 EPC 总承包项目管理乃至其他国际工程 EPC 总承包项目管理提供可资借鉴的实践经验，进而展示华东院项目管理能力和形象，在全方位、全领域、全业务的拓展方面树立品牌，为华东院海外目标市场开发做好技术储备并积累实践经验，为工程总承包实施培养施工管理人才。

19.6 设计主导 EPC 项目履约实施

19.6.1 项目建设情况

1. 项目合同关系

（1）项目主合同。华东院与业主签订的内部总承包合同为固定总价合同。合同工作内容根据对外签订的项目实施合同，主要为利用现有大坝、厂房等设施，进行拦河坝局部缺陷修补、坝身取水口及取水管改造，改建引水明渠、压力前池、压力钢管，在原厂房内重新安装水轮发电机组，恢复其发电功能。合同工期要求为 24 个月。

（2）项目采购分包合同。埃塞俄比亚阿巴-萨姆尔水电站项目工程总承包共签订对外采购分包合同 30 余项。对外采购分包项目主要分为施工分包、设备物资采购、运输采购、代理采购与其他咨询服务五类，项目主要分包合同为与水电十一局签订的施工分包合同。

2. 项目前期准备情况

2011 年 11 月，华东院海外部召开"建埃塞俄比亚阿巴-萨姆尔水电站修复工程 EPC 总包工作协调推进会"，确定从工程总承包事业部、水电和新能源事业部及海外事业部中抽调人员组建项目执行的"影子团队"，由"影子团队"牵头制订方案，引导项目的开展与推进工作。

2012 年 5 月，华东院发布《关于成立埃塞俄比亚阿巴-萨姆尔水电站工程总承包项目部及任金明等同志任职的通知》（华设总包〔2012〕170 号），决定成立埃塞俄比亚阿巴-萨姆尔水电站工程总承包项目部。2012 年 10 月，华东院发布《关于成立埃塞俄比亚阿巴-萨姆尔水电站修复工程总承包项目技术专家组的通知》（华设生技〔2012〕409 号），决定成立技术专家组，对项目进行全过程、全方位的技术支撑，确保项目顺利实施。

2012 年 4 月，华东院生产技术部向工程总承包事业管理部下达总承包项目任务书，明确了项目成本控制、进度控制等目标。2014 年 7 月，随着总承包合同正式签订，院生产技术管理部会同总承包管理部向项目实施单位华东建管下达了修订后的总承包项目任务书，明确进度控制目标为 2014 年 10 月 1 日开工，2016 年 9 月 30 日完工，10 月 20 日对外移交。项目利润控制目标为收支平衡（零利润）。2015 年 1 月，华东建管向项目部下达绩效目标责任书，责任书中的进度控制目标与利润控制目标与任务书一致。2015 年 9 月，华东院、华东建管与项目部签订了项目考核管理补充协议，考核目标设置包括进度、质量、安全、成本、收款及其他六个方面。

项目部成立后，立即着手开始项目合同交底及各类策划工作。2012 年 5 月，项目部组织召开了项目全面启动暨总体策划会议，华东院领导参加会议并就项目实施作出重要指示。随后，项目部先后召开了实施规划内部讨论会、内部合同策划会、项目策划会议等。2014 年 6 月总承包合同正式签订后，华东院总承包管理部组织院相关部门召开项目企业策划会议，项目部根据策划意见编制了开工前准备计划，并先后召开进场专项策划、开工前重点工作专项策划及图纸会审专题会议等。

项目实施规划最早于 2012 年 7 月编制完成，2014 年 8 月、2014 年 12 月先后两次对项目实施规划进行了修订。

3. 项目实施情况

2014 年 11 月 17 日，项目正式开工。2015 年 1 月 31 日，项目完成右岸坝段修复，2016 年 3 月 20 日，项目完成压力钢管安装工作，8 月 22 日完成厂房机组安装工作，9 月 22 日第一台机组发电，10 月 11 日，4 台机组完成 72 小时试运行。2016 年 10 月 16 日，工程全面竣工。11 月 17 日，埃塞俄比亚方经验收向项目部签发了工程合格证书。2016 年 12 月 15 日，中埃两国政府签署了水电站修复项目交接证书。2017 年 11 月 17 日完成缺陷消缺，并取得《缺陷责任期关闭证书》。工程控制性节点进度见表 19 - 3。

表 19 - 3　　　　　　　　　　工程控制性节点进度一览表

重 大 节 点	项目计划时间	项目实际时间
开工日期	2014 年 10 月 1 日	2014 年 11 月 17 日
竣工日期	2016 年 9 月 30 日	2016 年 10 月 16 日
总工期	24 个月	23 个月
对外移交	2016 年 10 月 20 日	2016 年 11 月 17 日
缺陷责任期关闭		2017 年 11 月 17 日

具体执行情况如下：

（1）工期执行情况。项目部在工程进度整体滞后约 1 个月的情况下，通过系列措施对项目进度采取了有效的管控方式，使项目提前 1 个月完成竣工验收，这是项目的最大亮点之一。该电站已于 2016 年 11 月 17 日投入商业运行，运行情况良好。

（2）质量执行情况。项目任务书的质量控制目标为"满足合同规定的质量标准"。

中国业主组织的项目内部竣工验收，所涉及的 5 个单位工程全部合格，其中优良 4 个，优良率 80%，建设项目竣工验收质量评级为"优良"。此外，项目部组织中方和埃塞俄比亚方分别组建了"对外技术验收暨工程移交验收组"，双方分别于 10 月 29 日、11 月 4 日和 11 月 8 日进行了三次洽谈会议，并签署会议纪要。双方于 2016 年 11 月 17 日签署了《工程合格证书》，代表对外技术验收正式完成，同时，埃塞俄比亚方已于 2016 年 11 月 17 日正式接手并投入商业运行。2016 年 12 月 15 日项目进行了中国和埃塞俄比亚两国政府间交接。

（3）安全执行情况。项目实施期间，未发生伤亡事故和各类责任事故。

（4）业主评价。该项目为埃塞俄比亚国家电力公司历史上第一个提前竣工的电力项目，72 小时试运行均为一次性成功，中埃双方以及项目参与方均对华东院和项目现场团队给予了高度评价，中央电视台对项目的开工和移交仪式均进行了专项报道。埃塞俄比亚国家电力公司也专门给华东院发了感谢信。项目的成功实施为华东院在东非区域市场开发奠定了良好的基础。

19.6.2 项目管理情况

1. 勘察设计管理

根据项目签订的《项目设计工作内部委托合同》，项目设计工作内容由华东院水电事业管理部承担。项目树立设计主导和限额设计的理念，在做好对设计的策划、指导和管理工作的基础上，做好优化设计工作，项目部专门组织人员赴项目管理单位进行技术沟通，使项目设计优化方案顺利通过审查。优化设计方案的顺利实施，对项目成本控制起到了至关重要的作用。在项目实施阶段，设计人员还配合项目部对实际工程量及成本调整进行了梳理及复核。项目设计流程符合院制度程序要求。

2. 合同管理

（1）总承包合同。项目总承包合同分对外合同和对内合同。对外合同为受中国政府委托，华东院与埃塞俄比亚国家电力公司签署的项目实施合同。对内合同为华东院与业主国际经济合作事务局签署的内部总承包合同，均按合同管理规定履行了评审程序。

（2）分包合同。项目分包合同包括施工分包合同、设备物资采购合同、设备物资运输合同、代理采购合同及其他保险与勘察设计合同。包括项目施工分包合同、主要设备物资采购合同在内的分包合同的评审及签订、合同变更流程，合同评审程序符合华东院制度要求，流程完善。

3. 采购分包管理

项目采购分包工作主要分三类并由不同实施主体负责：①项目主要分包项目施工标，由建管公司负责实施；②设备物资采购及运输服务分包，由设备成套项目部负责实施；③项目实施过程中发生的现场采购，由项目部负责实施。项目主要采购分包项目实施情况如下：

（1）施工分包。2012 年 6 月，项目部编制了施工分标计划，制订了施工分标方案。2013 年 1 月，项目编制完成询价文件并履行了评审程序，以询价方式邀请水电十一局等 5 家单位参与报价。经采购小组邀请水电十一局商谈后，经评审推荐，并履行了签报程序后，确定水电十一局为项目施工分包单位。2014 年 8 月，双方签订了分包合同。

（2）设备物资采购。项目设备物资采购根据施工图概算，编制有采购计划及预算，但由于钢板、钢筋属于施工分包标的甲供材料，因此在设备物资采购计划中没有就钢板、钢筋单列预算。2015 年 3 月，总包项目部与水电事业部/设备成套项目管理部签订了内部委托合同，项目部将埃塞俄比亚阿巴-萨姆尔水电站工程总承包项目中机电设备成套采购工作委托设备成套项目管理部实施。

项目主要设备物资的采购为钢板、钢筋采购，主机及附属设备均采用询价方式进行采购，经履行华东院采购程序。

因便于办理采购物资出口商检，华东院与项目施工分包方水电十一局签订了协议，就由水电十一局负责在国内采购的部分设备物资签订了代理采购与发运协议。

4. 物资的到场验收和管理

项目部根据总包合同要求，留存有产品质量证明书、检测试验报告与商检合格证书等，钢筋到场后由总承包项目、施工单位与监理单位三方签字交验后直接交给施工单位保管。

5. 规制建设与行政管理

项目部根据项目实施规划，编制了项目实施细则，包括项目机构及岗位配置、设计管理细则、合同管理细则、费控管理细则等。同时结合项目实际情况，编制了假期与考勤管理规定、收发文管理规定、会议管理制度等。

6. 建设过程管理

（1）进度控制管理。项目部制订了项目总体进度计划，并就设计、采购、施工分别制订了专项进度计划。项目实施过程中，根据实际情况对计划进行调整。根据总承包合同的约定，合同工期为 24 个月。项目实际于 2014 年 11 月 17 日正式开工，至 2016 年 10 月 16 日，工程提前一个月全面竣工。2016 年 11 月 17 日，经埃塞俄比亚方验收签发了工程合格证书。项目工期未出现延误情况。

（2）签证管理。项目部流程的各项签证记录，包括各项工程联系单、设计修改通知单、设计变更审批单等，各项签证中参建各方签署意见流程完善。

（3）质量安全管理情况。项目部严格按照华东院综合管理体系要求及所在地的有关规定，规范项目的安全、职业健康和环境保护管理工作。项目管理团队依据华东院 HSE 管理程序，结合埃塞俄比亚国情，建立了完善的 HSE 管理体系。项目部制定了《项目现场 HSE 实施方案》作为现场 HSE 管控的纲领性文件，针对重点分部工程、关键部位和工序，组织施工单位编制了齐全的专项安全方案，做到了编制、审批、交底、实施、监控、闭合的全过程管控。项目部按照程序要求做好项目现场的 HSE 检查、隐患排查等工作。针对海外项目的安全管理方面，项目部成立了总承包安全生产委员会，由项目经理担任安委会主任，通过定期召开工作例会，分析讨论 HSE 相关工作；每年对安全生产责任书进行分解，各关键岗位人员均落实了安全生产责任。项目团队推行"以人为本"的安全管理思想，充分发挥和调动现场班组人员的积极性，做到实施过程中的特种设备和特种作业人员动态管理，实行进场审核，退场备案，建立特种设备和特种人员的检查、登记等台账。项目部还按照要求建立了详细的综合应急预案和专项应急预案，根据项目的实施情况和外部局势变化，及时组织应急演练和专项教育。项目实施全过程未发生安全事故。

7. 项目财务管理

项目部控制项目成本支出，采购分包支付均履行我院相关支付审批流程。

8. 项目考核情况

项目由华东院生产技术管理部（后为工程管理部）在 2015 年、2016 年进行了年度考核，根据考核结果，项目部在两个年度均完成了所有考核目标，考核结果优秀。

9. 项目档案管理情况

项目所有档案资料已按要求移交至业主合作局，并全部归档至华东院图档中心。

19.6.3 设计主导项目履约作用的发挥

1. 发挥设计企业身处价值链上游的技术优势——做好顶层设计和总体策划，促成"项目管理＋工程总承包"国际工程总承包模式试点

项目由最初的业主委托华东院承担项目可行性考察及专业考察任务，通过总体策划及顶层设计，促成了项目成为采用"项目管理＋工程总承包"实施的第一个海外水电站项目，并通过业主的招议标程序，由华东院承担从初步设计开始的EPC工程总承包实施。

项目管理流程见图19-4，项目接口关系见图19-5，项目管理体系文件见表19-4。

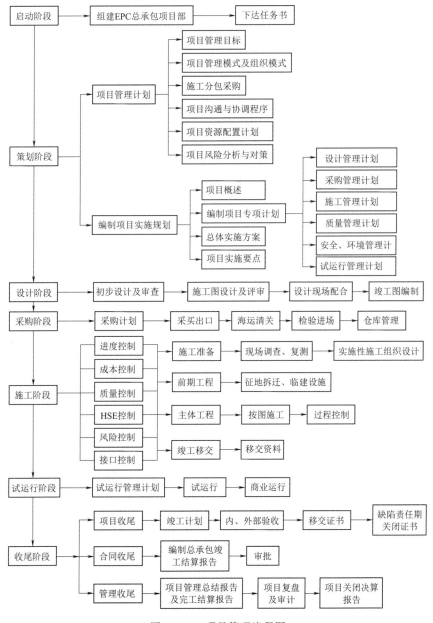

图 19-4　项目管理流程图

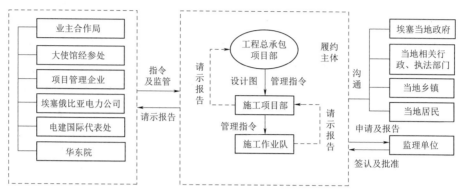

图 19-5　项目接口关系图

表 19-4 项目管理体系文件目录

分类	序号	项目管理手册名称
纲领文件	1	项目管理规划
	2	项目实施规划
	3	项目部组建方案
	4	项目现金流测算
管理细则	5	项目部机构及岗位配置
	6	项目工作流程管理规定
	7	项目设计管理细则
	8	项目合同管理细则
	9	项目风险管理细则
	10	项目费控管理细则
	11	项目进度管理细则
	12	项目质量管理细则
	13	项目沟通管理细则
	14	项目文档管理实施细则
	15	项目财务报销实施细则
	16	项目部企业视觉识别专项方案
	17	项目现场 HSE 实施方案
	18	项目部临时党组织组建方案
	19	水电站机组启动试运行大纲
	20	项目维护指导手册
	21	水电站运行人员培训计划
	22	水电站项目退场申请报告
管理制度	23	项目假期与考勤管理规定
	24	项目收发文管理规定
	25	项目会议管理规定

续表

分类	序号	项目管理手册名称
奖惩制度	26	项目 HSE 考核办法
	27	项目质量考核办法
	28	工程进度目标节点考核奖惩办法
应急预案	29	项目现场人身伤害应急预案
	30	项目现场突发事件应急预案
	31	项目现场突发性疾病应急处置方案
	32	年度防洪度汛应急预案
	33	压力钢管充水应急预案
	34	爆破事故应急预案

2. 设计管理——做好限额和优化设计，充分发挥设计在 EPC 中的主导作用

项目牢固树立设计主导和限额设计的理念，在做好对设计的策划、指导和管理工作的基础上，发挥设计对投资控制的主导作用，做好优化设计工作，按限额设计的要求，从设计源头做好本项目的工程量和投资控制工作，以最大可能地减少由于工程量增加造成的投资失控，将本项目投资风险目标控制在预备费和利润额度之内。

渠道膨胀土处理是本工程一大技术难点，项目部从初步设计阶段即开展相关的资料收集及分析研究工作，以寻求适合于本工程特点、技术可行、经济合理且施工质量易保证的最优方案。在初步设计阶段对膨胀土本身特性分析及其处理方案认识的基础上，结合膨胀土渠道施工特点及现场施工状况等因素，经过经济技术比较及现场试验验证，提出了"复合土工膜＋干砌石护面方案"的优化设计方案，作为施工图阶段膨胀土渠道治理措施。在事先与业主合作局沟通后，项目部组织专门赴项目管理单位进行技术沟通，使项目设计优化方案顺利通过审查。本优化设计方案的顺利实施，对项目成本控制起到了至关重要的作用。

该工程存在设计监理对设计产品进行审查后设计方案、图纸修改的可能，以及产品的采购和运输周期较长等特点，设计人员充分认识总承包工程特性，商讨工程的重点及可优化点，注重同采购工作的接口关系，制定采购计划，合理安排设计周期、采购周期及现场施工进度的关系，确保采购及现场施工进度。

3. 采购管理——精心组织采购工作，努力将采购成本控制在预算内

（1）采购管理执行华东院《工程总承包项目采购控制程序》《设备成套项目采购管理细则》《设备成套项目进出口管理细则》及业主有关规定。根据业主、国家市场监督管理总局对物资的管理规定，以及华东院与业主签订的合同供货范围和相关规定，同时严格遵循华东院的采购审批流程，按计划实施采购。

（2）项目机电设备、钢筋、钢材和金属结构的采购工作，由项目部采用"专业内包"形式分包给华东院水电事业部的设备成套项目管理部实施，包括相关设备及材料的竞谈采购及询价采购、监控货物生产进度及质量、指导并配合分包商编写提交物资商检资料、组织货物出厂验收、收集整理分包商货物出厂图纸及资料、协助现场采购零星货物、配合现

场项目部协调分包商补货、现场服务及处理货物问题等事宜。货物出口工作由海外部配合完成，包括物资出口检验资料的审核和申报、跟踪货物出口审批流程、国际运输、清关、移交等事宜。

（3）做好采购管理活动中与设计、施工的接口管理。

4. 施工管理——严格合同管理、以合作共赢理念，切实做好施工分包管理

（1）项目施工管理需满足业主、规程规范、华东院有关规定。

（2）项目施工通过招议标分包给水电十一局实施。

（3）充分考虑当地雨季、海运及清关等对施工进度的影响，施工总工期安排适当留有余地。

（4）进行施工计划管理，包括施工进度计划、施工质量计划、施工安全、职业健康和环境保护计划、施工费用计划和资源供应计划。

（5）进行施工准备管理，包括开工条件准备、技术准备、施工分包单位的施工组织设计、质量保证计划、职业健康安全保证计划审核和开工前首次协调会。

（6）进行施工过程管理，包括施工进度控制、施工质量控制、施工费用控制和安全、职业健康和环境管理。

（7）进行施工收尾管理，包括尾工管理计划、工程完工验收和工程移交等。

（8）施工过程中，重点把握关键节点的控制，关键技术方案的控制，关键问题的处理及过程控制。

（9）制定并实施奖励激励措施。为切实保障项目各项目标的顺利实现，总承包项目部制定了质量、安全、进度奖惩措施，并对分承包方各项目标实现情况进行考核。

5. 试运行、验收及收尾管理——健全、完备的运维培训，严格验收、移交程序，进行项目复盘

（1）为做好工程试运行及埃塞俄比亚当地员工培训工作，除编制完备的项目运行维护手册外，还制定了针对性的培训手册及培训课件，并在现场对当地员工进行了理论及实操培训，并安排当地员工全程参加试运行工作。

（2）施工质量验收工作分施工中期验收和竣工验收两阶段进行。

（3）竣工验收合格后，业主同项目所在国政府共同验收，并办理项目移交手续。

（4）进行项目复盘，总结经验教训。

6. 过程管控——通过"立规矩、建流程、强管理、强监管"，努力在 EPC 总承包中实现"标准化、规范化、程序化、专业化"

（1）以合同为准绳。项目合同主要为 2 个主合同《埃塞俄比亚阿巴-萨姆尔（Aba Samuel）水电站项目实施合同》和《埃塞俄比亚阿巴-萨姆尔水电站项目 EPC 任务内部总承包合同》，1 个施工分包合同《埃塞俄比亚阿巴-萨姆尔水电站项目施工分包合同》和 18 个采购合同。项目部编制了《工程总承包项目合同风险控制手册》，识别了总包及分包合同技术关键点，具体如下：

1）项目范围及工作内容、工期调整。

2）合同界面和接口可能的纠纷。

3）工程量计量的风险。

4）变更与索赔。

5）不确定因素。

6）违约责任。

（2）牢牢把握进度管理这个生命线。总承包合同签订后，总承包项目部立即组织编制项目实施规划，明确项目里程碑进度计划；项目开工后，根据施工方案编制一级进度计划并报监理批准；单项工程开工前编制二级进度计划，指导项目施工。项目实施过程中以周计划为管控手段、月计划为管控单元，全面做好项目计划管理工作。一旦计划执行出现偏差，项目部立即通过下周计划、下月计划进行纠正。对因客观因素造成的难以纠偏的情况及时书面报告业主。

项目实际施工总工期提前了一个月，工程质量等级优良，未发生安全事故，施工分包成本可控，对外工程技术验收、工程移交顺利。

（3）坚守质量管理的底线。华东院 EPC 总承包项目质量管理在满足《建设项目工程总承包管理规范》（GB/T 50358—2005）的前提下，围绕集团（股份）公司各项质量管理制度和院 EPC 总承包项目管理制度开展各项质量管理工作。以建设对设计、采购、施工、验收等环节的相互接口关系中应进行重点控制的质量内容进行了识别，并采取信息化、标准化等手段督促与监控各质量控制要点的落实，同时，华东院重视收集和反馈各种质量信息，通过顾客满意度、流程有效性评价等方式，实施数据统计与分析，不断总结、更新与改进，促进工程总承包质量管理的科学化、规范化。

（4）坚守安全管理的红线。华东院 EPC 总承包项目 HSE 管理基于国际工程公司战略发展考虑，早期主要引用、借鉴石化工程公司（寰球公司）等外部相对较为成熟的工程公司管理理念，根据 HSE 法律法规、标准规程规范规定，围绕集团（股份）公司各项安全生产管理制度和院 EPC 总承包项目 HSE 管理制度展开，过程中贯彻落实股份公司各项安全生产和三项业务管理工作部署，将 HSE 管理与职业健康安全管理体系和安全生产标准化建设相结合，建立完善了安全生产管理体系，按照"党政同责、一岗双责、齐抓共管"和安全生产"四个责任体系"建设要求层层贯彻落实安全生产责任制，检查督促项目现场完善安全生产责任体系和保障体系，构建安全生产和三项业务管理的长效机制。

（5）进行全面风险管控及动态风险管理。该项目的主要风险在于埃塞俄比亚方履约、进度控制、投资控制、施工分包商选择、勘测设计工作深度和业主管理等方面。需按限额设计的概念，在加强项目管理、做好分包商选择和与业主的沟通等工作的基础上，认真做好本项目的风险控制工作。具体应高度重视以下工作：

1）根据风险识别和评估，在业主和驻埃塞使馆经商处的协调下，加强现场的管理，从而减少本项目的进度、安全和质量风险。

2）在应对业主管理风险方面，事先就 EPC 项目管控方式进行策划，提出既符合本项目特点，又有利于 EPC 承包商合理运作的项目管控与项目验收方案。加强与业主、大使馆经参处沟通，确保项目执行阶段与中外业主的沟通通畅，信息对称，最大程度地减小业主管理风险。

3）在做好对设计的策划、指导和管理工作的基础上，发挥设计对投资控制的龙头作用，做好优化设计工作，按限额设计的要求，做好本项目的工程量和投资控制工作，将本项目投资风险目标控制在预备费和利润额度之内。

4）加强项目对勘测设计的策划、指导和管理，以最大可能地减少由于工程量增加造成的投资失控。由于本工程最主要的工程项目在于引水系统，借鉴类似小水电引水工程的设计经验，从设计源头做好工程量和投资控制工作。

19.6.4　项目管理亮点与创新措施

1. 创新采用"项目管理＋工程总承包"的海外实施管理模式

项目成功实践了"项目管理＋工程总承包"的海外实施管理模式创新。作为业主首个国际工程总承包项目，从某种意义上，埃塞俄比亚阿巴-萨姆尔水电站项目的实施过程为管理变革提供了参考和依据。华东院作为 EPC 总包方，按照"小项目、大责任"的工作理念，通过精益履约，该项目全面完成了既定各项管理目标，工程质量评定为优良，做到了"安全、质量、工期、成本、功能"五统一，实际工期较合同工期提前一个月。

2. 充分发挥了 EPC 工程总承包设计的龙头作用

该项目引水明渠的膨胀土治理为工程的关键技术问题，根据对引水明确膨胀土治理研究的深入，结合现场可实施性的评判，设计人员对引水明确膨胀土治理方案进行了优化，并制定了相应的现场土工合成材料试验，最终形成引水明渠膨胀土治理的优化设计，并经业主合作局委托的项目管理单位评审批准后实施。引水明渠膨胀土治理优化设计方案的实施对项目投资控制起到了至关重要的作用。

此外，项目发挥设计主导作用，采用的技术创新措施还有两底孔交替导流在水电站大坝修复改造中的应用、水工混凝土裂缝修补新材料的应用等，实施后均取得了非常好的效果。

3. 开展国际工程以设计为龙头总承包专题科研，争创"示范工程"，项目科技创新成果斐然

依托工程总承包项目管理为研究对象，为华东院海外小水电工程 EPC 总承包项目管理乃至其他国际工程 EPC 总承包项目管理提供可资借鉴的实践经验，进而展示华东院项目管理能力和形象，在项目全方位、全领域、全业务的拓展方面树立品牌。依托该项目开展了《国际工程以设计为龙头总承包（EPC）项目管理研究与实践》《非洲膨胀土渠道土工膜防渗关键技术研究与工程实践》等 2 项科研工作，申报发明专利 2 项，为国际工程 EPC 总承包项目管理积累了宝贵的实践经验。此外，依托该项目为河海大学培养了两名联合培养研究生。该项目已获得 2017 年电力行业"四优"奖优秀设计奖二等奖，2018 年电力勘测设计行业优秀工程总承包项目二等奖。

4. 充分发挥了项目影子团队先期介入的作用

项目影子团队先期介入对项目全过程管理起到了积极作用。埃塞俄比亚阿巴-萨姆尔（Aba Samuel）项目的目标既要符合中国政府主管部门（业主）对项目的总体要求，包括规模、功能、投资、进度、服务等方面，又要满足项目所在国方面的功能要求，要符合当地的风土人情并结合实际情况。因此，让中方业主和埃塞俄比亚方业主两个甲方都能接受和满意，是项目运作应追求的平衡点。项目影子团队先期的介入，一定程度上起到了积极的作用。

5. 使用"Power On"华东院综合项目管理系统

该项目采用了"工程项目管理系统"进行 EPC 项目各要素管理。工程项目管理系统构建了覆盖经营开发、承接项目、项目规划、项目实施到项目竣工移交全过程的信息平台，实现总承包各个工作环节的信息化支撑，实现总承包项目相关所有的数据、信息的录入和收集，实现总承包各个工作环节之间的数据共享，避免重复劳动和手工数据传递。例如，金属结构、机电设备成套管理，包含设备及材料的分包、质量与进度监控、出口特别商检、货物国际运输及现场安装协调，是水电站工程总承包项目重要的子系统工程，所有采购表单均在华东院信息系统平台上完成审批流程，确保审批效率。

6. 贯彻了"全面风险管理""安全、质量、职业健康与环境管理"理念

项目实施充分考虑了国际工程特点，项目 HSE 管理重点贯彻了"全面风险管理""安全、质量、职业健康与环境管理"理念。依托于华东院健全的管理体系，项目部建立了从设计、采购、施工、试运行到运维的全周期的 HSE 管理体系。

7. 项目进行了中国标准的推广示范作用

因埃塞俄比亚阿巴-萨姆尔（Aba Samuel）项目在规范使用上采用中国规范，设计企业能借此机会推广中国的设计理念。

8. 成立技术经济专家顾问组全程指导总承包项目管理运作

项目成立技术经济专家顾问组全程指导总承包项目管理运作。专家顾问组全过程跟踪了解项目执行情况，提供高层技术支撑；参加项目初步设计报告院内设计评审、施工图会审会议；每年召开 1～2 次碰头会议，评估项目当前技术和管理问题，对项目阶段性技术风险进行评估，提出风险控制建议；监控项目技术方案落实情况，帮助项目解决执行中遇到的重点及难点技术问题；视需要作为赴工作组成员，视需要参加现场巡视活动。

9. 健全、完备的运维培训有力地提高了埃塞方的运行能力

阿巴-萨姆尔水电站始建于 1939 年，是埃塞俄比亚第一座水电站，20 世纪 70 年代中期因年久失修而废弃。鉴于该座水电站所具有的独特历史意义，恢复其发电功能，不但为当地补充提供电力供应，促进了当地电力行业的发展，而且为当地增加了就业，培训了一批高素质员工，给当地民众带来了实实在在的好处。

19.7 小结

作为以设计为主导的 EPC 工程总承项目，应充分发挥设计位于价值链上游的技术优势，精心进行顶层设计和总体策划，通过设计优化、管理集成和精益履约，掌控工程建设全局，降低工程造价、确保工程进度与质量，做到"安全、质量、工期、成本、功能"五统一。

（1）国际工程既是复杂、细致的经济、技术工作，又是严肃的政治工作，政策性很强。项目以"树华东院国际工程 EPC 品牌，创业主国际工程 EPC 示范项目"为目的，按"小项目、大责任"的工作理念，项目实施通过精心策划组织、科学决策，建立完善的质量、安全、进度、成本控制等各项规章制度，强化精益履约，全面完成本项目既定各项管理目标。

（2）埃塞俄比亚阿巴-萨姆尔水电站项目的成功实施使埃塞俄比亚最老水电站重新焕发生机，极具历史意义。项目在执行过程中全部采用中国的技术标准、规范和设备，项目的顺利实施对中国技术标准、规范以及中国设备"走出去"具有借鉴意义。

（3）以合同为准绳，遵循"技术可行、安全可靠、经济适用、美观大方"的设计原则，充分发挥以设计为龙头的主导作用。参建方精诚合作，牢牢把握进度这个项目管理的生命线，坚守安全、质量作为项目管理的红线和底线，确保如期、保质、保量完成项目的EPC实施任务。

（4）项目本着"目标统一、命令单一、责权对称、精干高效"的原则，通过"立规矩、建流程、强管理、强监管"，在EPC总承包中实现"四化"，即"标准化、规范化、程序化、专业化"，提升项目管理水平，提高项目管理效率，降低项目管理成本。

（5）重视过程管理和全面风险管控，并进行动态风险管理。从观念、行为等方面认真做好项目HSE管理。

参 考 文 献

［1］ Project Management Institute. 项目管理知识体系指南（PMBOK 指南）［M］. 6 版. 北京：中国
工信出版集团，电子工业出版社，2017.

［2］ Project Management Institute. 项目组合、项目集和项目治理实践指南［M］. 北京：中国工信出
版集团，电子工业出版社，2016.

［3］ Project Management Institute. 敏捷实践指南［M］. 北京：中国工信出版集团，电子工业出版
社，2018.

［4］ 施炜. 管理架构师：如何构建企业管理体系［M］. 北京：中国人民大学出版社，2019.

［5］ 中国质量协会. 全面质量管理［M］. 北京：中国科学技术出版社，2018.

［6］ 建设项目工程总承包管理规范编委会. 建设项目工程总承包管理规范［M］. 北京：中国建筑工业
出版社，2018.

［7］ 中国建筑业协会工程项目管理专业委员会. 建设工程施工管理指南［M］. 北京：中国建筑工业出
版社，2018.

［8］ 中国石油天然气集团公司安全环保与节能部. HSE 管理体系基础知识［M］. 北京：石油工业出
版社，2012.

［9］ 郑微. 质量策划在工程项目中的作用与实施［J］. 建筑工程技术与设计，2018（13）：2278.

［10］ 彭桂平，郭霁月，袁竞峰. 工程总承包项目设计管理探讨［J］. 项目管理技术，2018，16（4）：
56－62.

［11］ 张利青. 浅谈建筑工程创优创新的意义［J］. 建材与装饰，2017（8）：126－127.

［12］ 刘瑞宁，胡科. 浅谈建筑工程项目施工的安全策划［J］. 江西建材，2015（15）：267.

［13］ 孙成龙. 总承包项目的 HSE 管理策划［J］. 石油化工安全环保技术，2012，28（6）：1－4.

［14］ 杨淑杰. 浅谈信息管理在工程建设中的作用［J］. 价值工程，2011，30（13）：92.

［15］ 宁波. EPC 总承包项目管理策划过程的重要性［J］. 石油化工技术，2010，27（2）：63－64.

［16］ 刘强，江涌鑫. 国际工程项目风险管理框架与案例分析［J］. 项目管理技术，2009，7（12）：
59－64.

［17］ 李玉武. 浅谈工程施工总承包管理策划及实施［J］. 建筑与预算，2009（5）：29－30.

［18］ 张慧鹏. 工程质量计划在质量管理中的作用［J］. 黑龙江科技信息，2008，27：251.

［19］ 任金明，王凤军，陈威. 埃塞俄比亚阿巴-萨姆尔水电站项目 EPC 实施模式［J］. 中国水力发电
年鉴，2014：410－411.

［20］ 任金明，王昶，陈威. 建筑行业总承包项目现场综合管控云平台与应用实践［J］. 数字化用户，
2018，24（46）：62.

［21］ 任金明，等. 埃塞俄比亚阿巴-萨姆尔（Aba Samuel）工程总承包项目实施规划［R］. 中国电建
集团华东勘测设计研究院有限公司，2014，8.

［22］ 任金明，等. 埃塞俄比亚阿巴-萨姆尔（Aba Samuel）工程总承包项目复盘总结［R］. 中国电建
集团华东勘测设计研究院有限公司，2016，12.

［23］ 邓渊，张磊，等. 亚运场馆及北支江综合整治工程 EPC 项目实施计划［R］. 中国电建集团华东
勘测设计研究院有限公司，2020，5.